作业本(第 1 册)

学院:__________ 专业:__________ 班　　级:__________

学号:__________ 姓名:__________ 任课教师:__________

華東理工大學出版社
EAST CHINA UNIVERSITY OF SCIENCE AND TECHNOLOGY PRESS
·上海·

第一次作业

一、填空题

1. 设样本空间 $\Omega = \{x \mid 0 \leqslant x \leqslant 2\}$，事件 $A = \left\{x \middle| \frac{1}{2} < x \leqslant 1\right\}$，$B = \left\{x \middle| \frac{1}{4} \leqslant x < \frac{3}{2}\right\}$，具体写出下列各事件：$\bar{A}B =$ ________，$\bar{A} \cup B =$ ________，$\overline{\bar{A}\bar{B}} =$ ________，$AB =$ ________.

2. 设 A、B、C 表示三个随机事件，试将下列事件用 A、B、C 表示出来.

(1) 事件________表示 A、B、C 都发生；

(2) 事件________表示 A、B、C 都不发生；

(3) 事件________表示 A、B、C 不都发生；

(4) 事件________表示 A、B、C 中至少有一件事件发生；

(5) 事件________或________表示 A、B、C 中最多有一事件发生.

3. 化简事件算式 $\overline{(A \cup B)} \cap (A - \bar{B}) =$ ________.

二、选择题

1. 设 $\Omega = \{1, 2, 3, \cdots, 10\}$，$A = \{2, 3, 5\}$，$B = \{3, 4, 5, 7\}$，$C = \{1, 3, 4, 7\}$，则事件 $\bar{A} - BC =$ (　　).

(A) $\{1, 6, 8, 9, 10\}$；

(B) $\{2, 5\}$；

(C) $\{2, 6, 8, 9, 10\}$；

(D) $\{1, 2, 5, 6, 8, 9, 10\}$.

2. 对飞机进行两次射击，每次射一弹，设事件 A="恰有一弹击中飞机"，事件 B="至少有一弹击中飞机"，事件 C="两弹都击中飞机"，事件 D="两弹都没击中飞机"，又设随机变量 ξ 为击中飞机的次数，则下列事件中(　　)不表示 $\{\xi = 1\}$.

(A) 事件 A；　　(B) 事件 $B - C$；

(C) 事件 $B - \bar{C}$；　　(D) 事件 $\bar{D} - C$.

3. 设 A、B 是两个事件，且 $A \neq \varnothing$，$B \neq \varnothing$，则 $(A + B)(\bar{A} + \bar{B})$ 表示(　　).

(A) 必然事件；

(B) 不可能事件；

(C) A 与 B 不能同时发生；

(D) A 与 B 中恰有一个发生.

三、计算题

1. 写出下列随机试验的样本空间，并把指定的事件表示为样本点的集合.

(1) 随机试验：考察某个班级的某次数学考试的平均成绩(以百分制记分，只取整数). 设事件 A 表示：平均得分在 80 分以上.

(2) 随机试验：同时掷三颗骰子，记录三颗骰子点数. 设事件 A 表示：第一颗掷得 5 点；设事件 B 表示：三颗骰子点数之和不超过 8 点.

(3) 随机试验：某篮球运动员投篮练习，直至投中十次，考虑累计投篮的次数. 设事件 A 表示：至多只要投 50 次.

2. 某电视台招聘播音员，现有三位符合条件的女士和两位符合条件的男士前来应聘.

(1) 写出招聘男女播音员各一名的样本空间；

(2) 写出招聘两名播音员的样本空间. 设事件 A 表示“招聘到两名女士”，把该事件表示为样本点的集合.

3. 如果事件 A 与事件 B 互为对立事件，证明：事件 $\bar{A}$ 与事件 $\bar{B}$ 也互为对立事件.

4. 化简事件算式 $(AB)\cup(A\bar{B})\cup(\bar{A}B)\cup(\bar{A}\bar{B})$.

5. 证明等式 $(A-AB)\cup B=\overline{\bar{A}\bar{B}}$.

6. 设 A、B 为两个事件，若 $AB=\bar{A}\cap\bar{B}$，问 A 和 B 有什么关系?

第二次作业

一、填空题

1. 10 个螺丝钉有 3 个是坏的,随机抽取 4 个,则恰好有两个是坏的的概率是________,4 个全是好的的概率是________.

2. 把 12 本书任意地放在书架上,则其中指定的 4 本书放在一起的概率是________.

3. 袋中装有编号为 1, 2, …, n 的 n 个球,每次从中任意摸一球,若按照有放回方式摸球,则第 k 次摸球时,首次摸到 1 号球的概率为________;若按照无放回方式摸球,则第 k 次摸球时,首次摸到 1 号球的概率为________.

二、选择题

1. 为了减少比赛场次,把 20 个球队任意分成两组(每组 10 队)进行比赛,则最强的两个队被分在不同组内的概率为(　　).

(A) $\frac{1}{2}$;　(B) $\frac{10}{19}$;　(C) $\frac{5}{19}$;　(D) $\frac{1}{10}$.

2. 从一副扑克牌(52 张)中任取 4 张,4 张牌的花色各不相同的概率为(　　).

(A) $\frac{1}{13}$;　(B) $\frac{13}{C_{52}^4}$;

(C) $\frac{13^4}{C_{52}^4}$;　(D) $\frac{13^4}{52\times 51\times 50\times 49}$.

3. 进行一系列独立的实验,每次试验成功的概率为 p,则在第二次成功之前已经失败了 3 次的概率为(　　).

(A) $4p^2(1-p)^3$;　(B) $4p(1-p)^3$;　(C) $10p^2(1-p)^3$;　(D) $p^2(1-p)^3$.

三、计算题

1. 将长为 a 的细棒折成三段,求这三段能构成三角形的概率.

2. 同时掷五颗骰子,求下列事件的概率.

(1) A=“点数各不相同”;

(2) B=“至少出现两个 6 点 ”;

(3) C=“恰有两个点数相同”;

(4) D=“某两个点数相同,另三个同是另一个点数”.

3. 将 10 根绳的 20 个头任意两两相接,求事件 $A=\{$恰结成 10 个圈$\}$的概率.

4. 在区间(0, 1)中随机地取两个数,求两数之差的绝对值小于$\frac{1}{2}$的概率.

5. 在正方形 $D=\{(x, y)\mid -1\leqslant x\leqslant 1, -1\leqslant y\leqslant 1\}$ 中任取一点,求使得关于 u 的方程 $u^2+xu+y=0$ 有(1) 两个实根的概率;(2) 两个正根的概率.

6. n个人随机地围绕圆桌就座，试问其中A、B两人的座位相邻的概率是多少？

7. 一部五卷的选集，按任意顺序放在书架上，求：

(1) 各卷自左至右或者自右至左的卷号顺序恰为1，2，3，4，5的概率；

(2) 第一卷及第五卷分别在两端的概率；

(3) 第一卷及第五卷都不在两端的概率.

作业本(第 2 册)

学院:__________ 专业:__________ 班　　级:__________

学号:__________ 姓名:__________ 任课教师:__________

華東理工大學出版社
EAST CHINA UNIVERSITY OF SCIENCE AND TECHNOLOGY PRESS
·上海·

第三次作业

一、填空题

1. 已知 $P(A)=0.7$，$P(A-B)=0.3$，$P(B)=0.6$，则 $P(\bar{A}\bar{B})=$ ________.

2. 设 A、B 是任意两个事件，则 $P\{(\bar{A}+B)(A+B)(\bar{A}+\bar{B})(A+\bar{B})\}=$ ________.

3. 设事件 A、B 满足 $AB=\bar{A}\bar{B}$，则 $P(A\cup B)=$ ________，$P(AB)=$ ________.

二、选择题

1. 从数列 1，2，…，n 中随机地取三个数 $(1<k<n)$，则一个数小于 k，一个数等于 k，而一个数大于 k 的概率为（　　）.

(A) $\dfrac{k-1}{n}$；　　(B) $\dfrac{(k-1)(n-k)}{n^2}$；

(C) $\dfrac{(k-1)(n-k)}{n(n-1)(n-2)}$；　　(D) $\dfrac{6(k-1)(n-k)}{n(n-1)(n-2)}$.

2. 箱子中装有 5 个白球和 6 个黑球，一次取出 3 只球，发现都是同一种颜色的，在此前提下得到的全是黑球的概率为（　　）.

(A) $\dfrac{2}{3}$；　　(B) $\dfrac{3}{11}$；　　(C) $\dfrac{6}{11}$；　　(D) $\dfrac{4}{33}$.

3. 设事件 A 与 B 互不相容，则（　　）.

(A) $P(\bar{A}\bar{B})=0$；　　(B) $P(AB)=P(A)P(B)$；

(C) $P(A)=1-P(B)$；　　(D) $P(\bar{A}\cup\bar{B})=1$.

三、计算题

1. 设 $P(A)=\dfrac{1}{3}$，$P(B)=\dfrac{1}{2}$，试就下列三种情况下分别求出 $P(\bar{A}B)$的值.

(1) A 与 B 互不相容；(2) $A\subset B$；(3) $P(AB)=\dfrac{1}{8}$.

2. 已知10只晶体管中有两只是次品，在其中取两次，每次任取一只，做不放回抽样，求下列事件的概率.

(1) 两只都是正品；(2) 两只都是次品；(3) 一只是正品，一只是次品；(4) 第二次取出的是次品.

3. 某旅行社100人中有43人会讲英语，35人会讲日语，32人会讲日语和英语，9人会讲法语、英语和日语，且每人至少会讲英语、日语、法语3种语言中的一种. 试求：(1) 此人会讲英语和日语，但不会讲法语的概率；(2) 此人只会讲法语的概率.

4. 在空战中，甲机先向乙机开火，击落乙机的概率是 0.2；若乙机未被击落，就进行还击，击落甲机的概率是 0.3；若甲机未被击落，则再攻击乙机，击落乙机的概率是 0.4. 试求在这几个回合中，(1) 甲机被击落的概率；(2) 乙机被击落的概率.

5. 设 A、B 是两个随机事件，已知 $P(B)=\dfrac{1}{3}$，$P(\bar{A}\mid\bar{B})=\dfrac{1}{4}$，$P(\bar{A}\mid B)=\dfrac{1}{5}$，试求 $P(A)$.

6. 从数字 1，2，3，…，9 中(可重复地)任取 n 次，求 n 次所取的数字的乘积能被 10 整除的概率.

7. 某班 n 个战士各有一支归个人保管使用的枪，外形完全一样，在一次夜间紧急集合中，每人随机地取了一支枪，求至少有一人拿到自己枪的概率.

第四次作业

一、填空题

1. 设事件 A, B 相互独立，且 $P(\bar{A}) = 0.2$, $P(B) = 0.5$, 则 $P(B \mid A \cup \bar{B}) =$ ________.

2. 设 A, B, C 两两独立，且 $ABC = \Phi$, $P(A) = P(B) = P(C) < \frac{1}{2}$, $P(A \cup B \cup C) = \frac{9}{16}$, 则 $P(C) =$ ________.

3. 已知事件 A, B 的概率 $P(A) = 0.4$, $P(B) = 0.6$, 且 $P(A \cup B) = 0.8$, 则 $P(A \mid B) =$ ________, $P(B \mid A) =$ ________.

二、选择题

1. 设袋中有 a 只黑球，b 只白球，每次从中取出一球，取后不放回，从中取两次，则第二次取出黑球的概率为(　　)；若已知第一次取到的球为黑球，那么第二次取到的球仍为黑球的概率为(　　).

(A) $\dfrac{a}{(a+b)}$;　　(B) $\dfrac{a-1}{a+b-1}$;

(C) $\dfrac{a(a-1)}{(a+b)(a+b-1)}$;　　(D) $\dfrac{a^2}{(a+b)^2}$.

2. 已知 $P(A) = 0.7$, $P(B) = 0.6$, $P(B \mid A) = 0.6$, 则下列结论正确的为(　　).

(A) A 与 B 互不相容;　　(B) A 与 B 独立;

(C) $A \supset B$;　　(D) $P(B \mid \bar{A}) = 0.4$.

3. 对于任意两事件 A 和 B，则下列结论正确的是(　　).

(A) 若 $AB = \varnothing$, 则 A, B 一定不独立;　　(B) 若 $AB \neq \varnothing$, 则 A, B 一定独立;

(C) 若 $AB \neq \varnothing$, 则 A, B 有可能独立;　　(D) 若 $AB = \varnothing$, 则 A, B 一定独立.

三、计算题

1. 设有2台机床加工同样的零件,第一台机床出废品的概率为0.03,第二台机床出废品的概率为0.06,加工出来的零件混放在一起,并且已知第一台机床加工的零件比第二台机床多一倍.

(1) 求任取一个零件是废品的概率;

(2) 若任取的一个零件经检查后发现是废品,则它是第二台机床加工的概率是多少?

2. 三个元件串联的电路中,每个元件发生断电的概率依次为0.1、0.2、0.5,且各元件是否断电相互独立,求电路断电的概率是多少?

3. 有甲、乙、丙三个盒子,其中分别有一个白球和两个黑球、一个黑球和两个白球、三个白球和三个黑球. 掷一枚骰子,若出现 1、2、3 点则选甲盒,若出现 4 点则选乙盒,否则选丙盒,然后从所选的盒子中任取一球. 求:

(1) 取出的球是白球的概率;

(2) 当取出的球为白球时,此球来自甲盒的概率.

4. 某人忘记了电话号码的最后一个数字,因而随机地拨号,求他拨号不超过三次而接通所需电话的概率是多少. 如果已知最后一个数字是奇数,那么此概率是多少?

5. 设三个工厂生产的一种产品，次品率分别为 0.1、0.15 和 0.2，这三个工厂的这种产品在市场的占有率分别为 0.5、0.4 和 0.1，现在从市场中任意抽取一件这种产品，经检验后发现它是次品，求这件产品分别是这三家工厂生产的概率，并判断它最有可能是由哪家工厂生产的.

6. 三个人同时射击树上的一只鸟，设他们各自射中的概率分别为 0.5、0.6、0.7. 若无人射中的鸟不会坠地，只有一人射中的鸟坠地的概率为 0.2，两人射中的鸟坠地的概率为 0.6，三人射中的鸟一定坠地. 三人同时向鸟射击一次，求鸟坠地的概率.

作业本(第 3 册)

学院：__________ 专业：__________ 班　　级：__________

学号：__________ 姓名：__________ 任课教师：__________

華東理工大學出版社
EAST CHINA UNIVERSITY OF SCIENCE AND TECHNOLOGY PRESS
·上海·

第五次作业

一、填空题

1. 某班级12名女生毕业后第一年的平均月薪分别为：

1 800，2 000，3 300，1 850，1 500，2 900，
4 100，3 000，5 000，2 300，3 000，2 500.

则样本均值为________，样本中位数为________，众数为________，极差为________，样本方差为________.

2. 设随机变量 ξ 的分布函数为 $F(x)$，$a \in \mathbf{R}$，则 $P\{\xi \geqslant a\} =$ ________，$P\{\xi = a\} =$ ________.

3. 设随机变量 ξ 的分布函数为 $F(x)=\begin{cases} 0, & x \leqslant 0; \\ Ax^2, & 0 < x \leqslant 1; \\ 1, & x > 1; \end{cases}$ 则常数 $A =$ ________，$P\{0.5 \leqslant \xi \leqslant 0.8\} =$ ________.

二、选择题

1. 下述指标中描述样本数据"中心"的统计量有(　　)，描述样本数据"离散程度"的统计量有(　　).

(A) 样本均值；　(B) 中位数；　(C) 众数；　(D) 极差；

(E) 样本方差.

2. 下列表述为错误的有(　　).

(A) 分布函数一定是有界函数；

(B) 分布函数一定是单调函数；

(C) 分布函数一定是连续函数；

(D) 不同的随机变量也可能有相同的分布函数.

3. 设概率 $P(X > x_1) \geqslant \beta$，$P(X \leqslant x_2) \geqslant \alpha$，且 $x_1 < x_2$，则 $P(x_1 < X \leqslant x_2)$(　　).

(A) $\leqslant \alpha + \beta - 1$；　(B) $\leqslant 1 - (\alpha + \beta)$；

(C) $\geqslant \alpha + \beta - 1$；　(D) $\geqslant 1 - (\alpha + \beta)$.

三、计算题

1. 利用Excel的数据分析工具验算填空题1的计算结果，并把样本数据分为四组，画出频率直方图(本题可选做).

2. 设随机变量 ξ 的分布函数为

$$F(x)=\begin{cases}0, & x<0;\\ \dfrac{1}{4}, & 0\leqslant x<1;\\ \dfrac{1}{3}, & 1\leqslant x<3;\\ \dfrac{1}{2}, & 3\leqslant x<6;\\ 1, & x\geqslant 6.\end{cases}$$

试求 $P(\xi<3)$，$P(\xi\leqslant 3)$，$P(\xi>1)$，$P(\xi\geqslant 1)$.

3. 已知随机变量 ξ 只能取 -2、0、2、4 四个值，概率依次为 $\dfrac{c}{2}$、$\dfrac{c}{3}$、$\dfrac{c}{4}$、$\dfrac{c}{6}$，求常数 c，并计算 $P(\xi<1\mid\xi>-1)$.

4. 一批产品,其中有 9 件正品,3 件次品.现逐一取出使用,直到取出正品为止,求在取到正品以前已取出次品数的分布律和分布函数.

5. 设连续随机变量 X 的概率密度函数为

$$p(x)=\begin{cases} ax, & 0\leqslant x\leqslant 1; \\ 2-x, & 1<x\leqslant 2; \\ 0, & \text{其他}. \end{cases}$$

求:(1) 常数 a;(2) X 的分布函数;(3) $P(0.5\leqslant X\leqslant 1.5)$.

第六次作业

一、填空题

1. 若随机变量 $\xi \sim U[1, 6]$，则方程 $x^2+\xi x+1=0$ 有实根的概率为________.

2. 设随机变量 X 的概率密度为 $f(x)=\begin{cases} Ax^2, & 0 \leqslant x \leqslant 1; \\ 0, & \text{其他}; \end{cases}$ 则 $A=$________.

3. 设离散型随机变量 ξ 的分布函数为

$$F(x)=\begin{cases} 0, & x<-10; \\ 0.7, & -10 \leqslant x<0; \\ 1, & x \geqslant 0; \end{cases}$$

则 ξ 的分布律为________.

4. 设连续型随机变量 X 的概率密度函数为

$$f(x)=\begin{cases} \dfrac{3}{2}\sqrt{x}, & 0<x<1; \\ 0, & \text{其他}; \end{cases}$$

则分布函数 $F(x)=$________.

二、选择题

1. 在下列函数中，可以作为随机变量的概率密度函数的是(　　).

(A) $f(x)=\begin{cases} 2x, & 0<x<1; \\ 0, & \text{其他}; \end{cases}$　　(B) $f(x)=\begin{cases} x^2, & 0<x<1; \\ 0, & \text{其他}; \end{cases}$

(C) $f(x)=\begin{cases} \cos x, & 0 \leqslant x \leqslant \pi; \\ 0, & \text{其他}; \end{cases}$　　(D) $f(x)=\begin{cases} 2e^{-x}, & x>0; \\ 0, & x \leqslant 0. \end{cases}$

2. 下列表述中不正确的有(　　).

(A) $F(x)$为离散型随机变量的分布函数的充要条件是 $F(x)$为阶梯型函数；

(B) 连续型随机变量的分布函数一定是连续函数；

(C) 连续型随机变量取任一单点值的概率为零；

(D) 在密度函数的连续点上，密度函数就是分布函数的导数.

3. 设随机变量 X 的概率密度函数为

$$p(x)=\begin{cases} K(4x-2x^2), & 1<x<2; \\ 0, & \text{其他}; \end{cases}$$

则 $K=$(　　).

(A) $\dfrac{5}{16}$；　　(B) $\dfrac{1}{2}$；

(C) $\dfrac{3}{4}$；　　(D) $\dfrac{4}{5}$.

三、计算题

1. (柯西分布)设连续型随机变量 ξ 的分布函数为 $F(x)=A+B\arctan x$,$(-\infty<x<+\infty)$.

求:(1) 系数 A 及 B;(2) ξ 落在区间 $(-1, 1)$ 内的概率;(3) ξ 的概率密度.

2. 学生完成一道作业的时间 X 是一个随机变量,单位为 h,它的密度函数为

$$p(x)=\begin{cases} cx^2+x, & 0\leqslant x\leqslant 0.5; \\ 0, & \text{其他}. \end{cases}$$

(1) 确定常数 c;

(2) 写出 X 的分布函数;

(3) 试求在 20 min 内完成一道作业的概率;

(4) 试求 10 min 以上完成一道作业的概率.

3. 袋内有 5 个黑球和 3 个白球，每次抽取一个不放回，直到取得黑球为止. 记 Y 为抽取次数，求 Y 的概率分布及至少抽取 3 次的概率.

4. 某种灯具的寿命 ξ 具有概率密度：

$$f(x)=\begin{cases}\dfrac{10}{x^2}, & x>10;\\ 0, & x\leqslant 10.\end{cases}$$

任取三只这种灯具，问 150 h 内，三只灯具全部完好的概率是多少？又问 150 h 内，至少有两只损坏的概率是多少？

5. 已知随机变量 X 的概率密度为 $f(x)=ae^{-\lambda|x|}$，$\lambda>0$，$-\infty<x<+\infty$. 求系数 a 和分布函数 $F(x)$.

作业本(第 4 册)

学院:__________　专业:__________　班　　级:__________

学号:__________　姓名:__________　任课教师:__________

華東理工大學出版社
EAST CHINA UNIVERSITY OF SCIENCE AND TECHNOLOGY PRESS
·上海·

第七次作业

一、填空题

1. ξ的分布列为：

ξ	1	2	3	4
P	$\frac{1}{10}$	$\frac{2}{5}$	$\frac{1}{5}$	$\frac{3}{10}$

则 $E\xi=$________.

2. ξ的分布列为：

ξ	-1	0	$\frac{1}{2}$	1	2
P	$\frac{1}{3}$	$\frac{1}{6}$	$\frac{1}{6}$	$\frac{1}{12}$	$\frac{1}{4}$

则 $E\xi=$________，$E(-\xi+1)=$________，$E\xi^2=$________.

3. 设 X_1，X_2，X_3 是 3 个独立同分布的随机变量，$E(\bar{X})=\mu$，$D(\bar{X})=\frac{8}{3}$，其中 $\bar{X}=\frac{1}{3}\sum_{i=1}^{3}X_i$，利用切比雪夫不等式估计 $P\{|\bar{X}-\mu|<4\}\geqslant$________.

二、选择题

1. 若对任意的随机变量 ξ，$E\xi$ 存在，则 $E[E(E\xi)]$ 等于(　　).

(A) 0；　(B) ξ；　(C) $E\xi$；　(D) $(E\xi)^2$.

2. 现有 10 张奖券，其中 8 张为 2 元，2 张为 5 元，某人从中随机地无放回地抽取 3 张，则此人所得奖金的数学期望为(　　).

(A) 6.5；　(B) 12；　(C) 7.8；　(D) 9.

3. 已知随机变量 X 满足 $E(X)=2$，$D(X)=4$，则 $E(4X^2-3)=$(　　).

(A) 32；　(B) 29；　(C) 0；　(D) 13.

三、计算题

1. 设随机变量 X 的概率密度为 $p(x)=\begin{cases}\frac{1}{\theta-1}x^{\frac{2-\theta}{\theta-1}}, & 0<x<1;\\ 0, & \text{其他};\end{cases}$

其中 $\theta>1$，求 EX.

2. 设随机变量 ξ 的概率密度函数

$$p(x)=\begin{cases}e^{-x}, & x>0;\\ 0, & x\leqslant 0.\end{cases}$$

求 $E\xi$, $E(2\xi+3)$, $E(\xi+e^{-2\xi})$ 和 $E(\max\{\xi, 2\})$.

3. 一台机器由三大部件组成,在运转中各部件需要调整的概率分别为0.1、0.2和0.3.假设各部件的状态相互独立,用 ξ 表示同时需要调整的部件数,试求 ξ 的数学期望.

4. 设球的直径在区间$[a, b]$内服从均匀分布，求球的体积的平均值.

5. 6 个元件装在 3 台仪器上，每台仪器装两个，元件的可靠性为 0.5. 如果一台仪器中至少有一个元件正常工作，不需要更换；若两个元件都不工作，则要更换，每台仪器最多更换一次. 记 X 为 3 台仪器需要更换元件的总次数，求 EX.

6. *某种产品上的缺陷数 ξ 服从分布律 $P(\xi=k)=\frac{1}{2^{k+1}}$，$k=0, 1, 2, \cdots$. 求此种产品上的平均缺陷数.(*高等数学8学分的学生可以不做)

第八次作业

一、填空题

1. 设随机变量 ξ 的分布律为

ξ	-1	0	1
P	a	$\frac{1}{2}$	b

已知 $D\xi=0.5$，则 $a=$________，$b=$________.

2. 若随机变量 X 的分布律为 $P\{X=k\}=\frac{e^{-1}}{k!}$，$k=0, 1, 2, \cdots$，则 $E(X)=$________，$D(X)=$________.

3. 事件在一次试验中发生次数 ξ 的方差一定不超过________.

二、选择题

1. 设 X 是一随机变量，$E(X)=\mu$，$D(X)=\sigma^2$，(μ, $\sigma>0$ 为常数)，则对任意常数 C，必有(　　)成立.

(A) $E(X-C)^2=E(X^2)-C^2$;　　(B) $E(X-C)^2=E(X-\mu)^2$;

(C) $E(X-C)^2<E(X-\mu)^2$;　　(D) $E(X-C)^2\geqslant E(X-\mu)^2$.

2. 抛一枚均匀硬币100次，根据切比雪夫不等式可知，出现正面的次数在40～60之间的概率 p 为(　　).

(A) $\geqslant 0.75$;　(B) $\geqslant 0.95$;　(C) $\leqslant 0.75$;　(D) $\leqslant 0.25$.

3. 设 X 与 Y 是两个相互独立的随机变量，a，b 为实数，则下列等式不成立的是（　　）.

(A) $E(aX+bY)=aE(X)+bE(Y)$；　　(B) $E(XY)=E(X)E(Y)$；

(C) $D(X+Y)=D(X)+D(Y)$；　　(D) $D(XY)=D(X)D(Y)$.

三、计算题

1. 对第七次作业第三题的第 2 题中的 ξ，求 $D\xi$.

2. 对第七次作业第三题的第 3 题中的 ξ，求 $D\xi$.

3. 设随机变量 ξ 具有概率密度 $p(x)=\begin{cases} x, & 0\leqslant x\leqslant 1; \\ 2-x, & 1<x\leqslant 2; \\ 0, & \text{其他}; \end{cases}$ 计算 $D\xi$.

4. 设随机变量 ξ 仅在 $[a, b]$ 取值,试证:$a\leqslant E\xi\leqslant b$, $D\xi\leqslant\left(\frac{b-a}{2}\right)^2$.

5. 已知某种股票的价格是随机变量 ξ，其平均值是 1 元，标准差是 0.1 元. 求常数 a，使得股价超过 $1+a$ 元或低于 $1-a$ 元的概率小于 10%.（提示：应用切比雪夫不等式.）

6. 设随机变量 ξ 的概率分布为 $P(\xi=x)=\left(\frac{a}{2}\right)^{|x|}(1-a)^{1-|x|}$，$x=-1, 0, 1$，其中 $0<a<1$. 试求：$D\xi$，$D|\xi|$.

作业本(第5册)

学院:__________ 专业:__________ 班　　级:__________

学号:__________ 姓名:__________ 任课教师:__________

華東理工大學出版社
EAST CHINA UNIVERSITY OF SCIENCE AND TECHNOLOGY PRESS
·上海·

第 九 次 作 业

一、填空题

1. 设 X 服从泊松分布,若 $EX^2=6$,则 $P(X>1)=$ ________.

2. 设随机变量 $\xi\sim B(n,\ p)$,已知 $E\xi=2.4$,$D\xi=1.44$,则参数 $n=$ ________,$p=$ ________.

3. 某保险公司的某人寿保险险种有 1 000 人投保,每个人在一年内死亡的概率为 0.005,且每个人在一年内是否死亡是相互独立的,欲求在未来一年内这 1 000 个投保人死亡人数不超过 10 人的概率. 用 Excel 的 BINOMDIST 函数计算. BINOMDIST(________, ________, ________, ________)= ________.

4. 运载火箭运行中进入其仪器舱的粒子数服从参数为 4 的泊松分布,用 Excel 的 POISSON 函数求进入仪器舱的粒子数大于 10 的概率. POISSON(________, ________, ________)= ________,所求概率 $p=$ ________.

5. $\xi\sim P(4)$,由切比雪夫不等式有 $P(|\xi-4|<6)\geqslant$ ________.

二、选择题

1. 在相同条件下独立地进行 3 次射击,每次射击击中目标的概率为 $\dfrac{2}{3}$,则至少击中一次的概率为(　　).

(A) $\dfrac{4}{27}$;　(B) $\dfrac{12}{27}$;　(C) $\dfrac{19}{27}$;　(D) $\dfrac{26}{27}$.

2. 设随机变量 X 服从泊松分布,且已知 $P\{X=1\}=P\{X=2\}$,则 $P\{X=4\}=$ (　　).

(A) $\dfrac{1}{3}e^{-1}$;　(B) $\dfrac{2}{3}e^{-1}$;　(C) $\dfrac{2}{3}e^{-2}$;　(D) $\dfrac{4}{3}e^{-2}$.

3. 某种灯管的使用寿命 ξ 服从参数为 0.002 的指数分布 $E(0.002)$,现任取三只这种灯管,则在 500 h 内,三只灯管中至多有两只损坏的概率为(　　).

(A) $1-(1-e^{-1})^3$;　(B) $3e^{-2}(1-e^{-1})$;　(C) $1-e^{-3}$;　(D) $3e^{-1}(1-e^{-2})$.

三、计算题

1. 设随机变量 ξ 的密度函数是 $p(x)=\begin{cases}\dfrac{1}{2}\cos\dfrac{x}{2}, & 0\leqslant x\leqslant \pi;\\ 0, & \text{其他}.\end{cases}$

对 ξ 独立的随机观察 4 次,η 表示观察值大于 $\dfrac{\pi}{3}$ 的次数,求:

(1) η 的概率分布(分布律);(2) $E\eta$ 和 $D\eta$.

2. 随机变量 ξ 服从参数为 p 的几何分布，即：$P(\xi=k)=p(1-p)^{k-1}$，$k=1, 2, \cdots$.

(1) 求 $P(\xi>s)$，其中 s 是一个非负整数；

(2) 试证：$P(\xi>s+t \mid \xi>s)=P(\xi>t)$，其中 s，t 是非负整数.（几何分布具有无记忆性.）

3. 设随机变量 X 服从泊松分布，且 $P(X \leqslant 1)=4P(X=2)$，求 $P(X=3)$.

4. 设在时间 t(单位：min)内，通过某路口的汽车服从参数与 t 成正比的泊松分布. 已知在 1 min 内没有汽车通过的概率为 0.2，求在 2 min 内至少有 2 辆车通过的概率. [提示：设 $\xi_t =$ "t 时间内汽车数"，则 $\xi_t \sim P(\lambda t)$.]

5. 在一次试验中，事件 A 发生的概率为 p，把这个试验独立重复做两次，在下列两种情况下分别求 p 的值.

(1) 已知事件 A 至多发生一次的概率与事件 A 至少发生一次的概率相等；

(2) 已知事件 A 至多发生一次的条件下事件 A 至少发生一次的概率为 $\frac{1}{2}$.

第十次作业

一、填空题

1. 若 ξ 在 $[0, 5]$ 上服从均匀分布,则方程 $x^2+\xi x+\xi^2-3\xi=0$ 有实根的概率为________.

2. 设随机变量 X 在区间 $[2, 6]$ 上服从均匀分布,现对 X 进行了 3 次独立试验,则恰好有 2 次观测值大于 4 的概率为________.

3. 设每人每次打电话的时间(单位:min)服从 $E(1)$,则在 808 人次的电话中有 3 次或以上超过 6 min 的概率为________.

二、选择题

1. 设 X 服从正态分布 $N(\mu, \sigma^2)$,则随着 σ 的增大,概率 $P\{|X-\mu|<\sigma\}$(　　).

(A) 单调增大;　(B) 单调减少;　(C) 保持不变;　(D) 增减不定.

2. 若灯管的寿命 $\xi \sim E(\lambda)$,则该灯管已使用了 a $(a>0)$ 小时,能再使用 b 小时的概率(　　).

(A) 与 a 无关;　(B) 与 a 有关;

(C) 无法确定;　(D) 以上答案都不对.

3. 随机变量 X 的概率密度函数为 $p(x)$,且 $p(x)=p(-x)$,$F(x)$ 是 X 的分布函数,则对任意实数 a,有(　　).

(A) $F(-a)=1-\int_0^a p(x)\mathrm{d}x$;　(B) $F(-a)=\frac{1}{2}-\int_0^a p(x)\mathrm{d}x$;

(C) $F(-a)=F(a)$;　(D) $F(-a)=2F(a)-1$.

三、计算题

1. 某地区 18 岁的女青年的血压服从 $N(110, 121)$,在该地区任选一 18 岁的女青年,测量她的血压.

(1) 求 $P(X\leqslant 100)$, $P(105.5\leqslant X\leqslant 121)$;

(2) 确定最小的 x,使 $P(X>x)\leqslant 0.05$.

2. 修理某机器所需时间(单位：h)服从参数为$\frac{1}{2}$的指数分布. 试问：

(1) 修理时间超过 2 h 的概率是多少?

(2) 若已持续修理了 9 h,总共需要至少 10 h 才能修好的条件概率是多少?

3. 假设测量的随机误差 $\xi \sim N(0, 10^2)$，试求在 100 次独立重复测量中，至少有 2 次测量误差的绝对值大于 19.6 的概率 α.

4. 若 $\xi \sim N(\mu, \sigma^2)$，且 $P(\xi < 89) = 0.90$，$P(\xi < 94) = 0.95$，求 μ 和 σ^2.

5. 测量至某一目标的距离时发生的随机误差 X(单位：m)的概率密度为

$$f(x)=\frac{1}{20\sqrt{2\pi}}e^{-\frac{(x-10)^2}{800}}, \quad (-\infty<x<+\infty).$$

求在 3 次测量中至少有一次误差的绝对值不超过 20 m 的概率.

作业本(第 6 册)

学院:__________ 专业:__________ 班　　级:__________

学号:__________ 姓名:__________ 任课教师:__________

華東理工大學出版社
EAST CHINA UNIVERSITY OF SCIENCE AND TECHNOLOGY PRESS
·上海·

第十一次作业

一、填空题

1. 设随机变量(X, Y)的概率密度为 $f(x, y)=\begin{cases} ae^{-(x+y)}, & 0<x, y<+\infty; \\ 0, & \text{其他}; \end{cases}$ 则 $a=$ ________，$P(X\leqslant 2, Y\leqslant 1)=$ ________.

2. 若二维随机变量(X, Y)的联合分布列为

X \ Y	0	1
0	$\frac{1}{6}$	$\frac{1}{4}$
1	$\frac{1}{3}$	$\frac{1}{4}$

则随机变量(X, Y)的联合分布函数为________.

3. 设随机变量 $X_i\sim\begin{pmatrix} -1 & 0 & 1 \\ \frac{1}{4} & \frac{1}{2} & \frac{1}{4} \end{pmatrix}$，$i=1, 2$，且满足 $P(X_1X_2=0)=1$，则 $P(X_1=X_2)=$ ________.

二、选择题

1. 设(X, Y)服从二维均匀的分布，联合密度函数为 $f(x, y)=\begin{cases} A, & 0<x<1, |y|<x; \\ 0, & \text{其他}; \end{cases}$ 则常数 $A=$（　　）.

(A) $\frac{1}{2}$；　　(B) 1；

(C) 2；　　(D) 4.

2. 设(X, Y)的分布函数为 $F(x, y)$，则 $P\{X\geqslant a, Y>b\}=$（　　）.

(A) $F(a, b)$；

(B) $1-F(a, b)$；

(C) $1+F(a-0, b)-F(+\infty, b)-F(a-0, +\infty)$；

(D) $1+F(a, b)-F(+\infty, b)-F(a, +\infty)$.

3. 设 $F_1(x)$，$F_2(x)$ 为两个分布函数，其相应的概率密度为 $f_1(x)$，$f_2(x)$，是连续函数，则可以作为某个连续随机变量的概率密度函数的是（　　）.

(A) $f_1(x)f_2(x)$；

(B) $2f_1(x)F_2(x)$；

(C) $f_1(x)F_2(x)$；

(D) $f_1(x)F_2(x)+f_2(x)F_1(x)$.

三、计算题

1. 设二维随机向量(ξ, η)仅取$(1, 1)$，$(2, 3)$，$(4, 5)$三个点，且取它们的概率相同，求(ξ, η)的联合分布列.

2. 某箱装有100件产品，其中一、二、三等品分别为80、10、10件，现在从中随机抽取一件，记$X_i = \begin{cases} 1, & \text{抽到 } i \text{ 等品;} \\ 0, & \text{其他;} \end{cases}$ $(i = 1, 2, 3)$.

试求随机变量X_1和X_2的联合概率分布.

3. 将一硬币抛掷 3 次，X 表示 3 次中出现正面的次数，Y 表示 3 次中出现正面次数与反面次数之差的绝对值，求 X 和 Y 的联合分布率.

4. 设随机向量(X, Y)的联合概率密度函数为

$$p(x, y)=\begin{cases}A(6-x-y), & 0<x<2,\ 2<y<4; \\ 0, & \text{其他}.\end{cases}$$

(1) 确定常数 A；(2) 求 $P\{X<1, Y<3\}$，$P\{X+Y<4\}$.

5. 若随机变量 X, Y 的概率分布分别为

X	0	1
P	$\frac{1}{3}$	$\frac{2}{3}$

Y	−1	0	1
P	$\frac{1}{3}$	$\frac{1}{3}$	$\frac{1}{3}$

且满足 $P(X^2 = Y^2) = 1$. 求二维随机变量(X, Y)的联合概率分布.

第十二次作业

一、填空题

1. 如果随机向量(ξ, η)的联合分布列为

ξ \ η	0	1
0	0.1	b
1	a	0.4

并且 $P(\xi = 1 \mid \eta = 1) = \frac{2}{3}$, 则 $a =$ ________, $b =$ ________.

2. (ξ, η)的联合分布列为

ξ \ η	0	1	2
−1	$\frac{1}{15}$	t	$\frac{1}{5}$
1	s	$\frac{1}{5}$	$\frac{3}{10}$

若 ξ, η 相互独立,则$(s, t)=$________.

3. 设(X, Y)在以原点为中心,r 为半径的圆域R 上服从均匀分布,X 的边缘概率密度为 $p_X(x) =$ ________.

二、选择题

1. 设随机变量 X 服从正态分布 $N(\mu, 4^2)$，随机变量 Y 服从正态分布 $N(\mu, 5^2)$，记 $p_1 = P\{X \leqslant \mu - 4\}$，$p_2 = P\{Y \geqslant \mu + 5\}$，则(　　).

(A) 对任何实数 μ,都有 $p_1 = p_2$；　　(B) 对任何实数 μ,都有 $p_1 < p_2$；

(C) 仅对 μ 的个别值,有 $p_1 = p_2$；　　(D) 对任何实数 μ,都有 $p_1 > p_2$.

2. 设随机变量 X 的可能取值为 x_1，x_2，Y 的可能取值为 y_1，y_2，y_3，若 $P(X = x_1, Y = y_1) = P(X = x_1)P(Y = y_1)$，则随机变量 X 和 Y(　　).

(A) 一定独立；　　(B) 一定不独立；

(C) 不一定独立；　　(D) 以上答案都不对.

3. 设随机变量 X,Y 相互独立,服从相同的两点分布 $\begin{bmatrix} -1 & 1 \\ \frac{1}{2} & \frac{1}{2} \end{bmatrix}$,则(　　).

(A) $P\{X = Y\} = \frac{1}{2}$；　　(B) $P\{X = Y\} = \frac{1}{3}$；

(C) $P\{X = Y\} = 0$；　　(D) $P\{X = Y\} = \frac{1}{4}$.

三、计算题

1. 设随机变量 ξ，η 的联合分布列为

$\xi \backslash \eta$	0	1	2
0	$\frac{1}{6}$	$\frac{2}{9}$	$\frac{1}{36}$
1	$\frac{1}{3}$	$\frac{1}{6}$	0
2	$\frac{1}{12}$	0	0

(1) 求边缘分布列；

(2) 在 $\eta = 1$ 的条件下,ξ 的条件分布列；

(3) 问 ξ 和 η 是否独立?

2. 设二维连续型随机变量(X, Y)的联合概率密度函数为 $f(x, y)=\begin{cases}Axy, & (x, y)\in G;\\ 0, & \text{其他};\end{cases}$

其中$G=\{(x, y)\mid 0\leqslant x\leqslant 2, 0<y\leqslant x\}$.

(1) 求系数 A;

(2) X 和 Y 的边缘密度函数;

(3) 在给定 $Y=y$ 的条件下,X 的条件概率密度函数 $f_{X|Y}(x\mid y)$;

(4) X 和 Y 是否独立,为什么?

3. 设随机变量(X, Y)的联合密度为：$\phi(x, y)=\begin{cases}C, & |x|<1, |y|<1; \\ 0, & \text{其他}.\end{cases}$

试求：(1) 常数C；(2) $P\left\{X+Y>\dfrac{1}{2}\right\}$及$P\{X^2+Y^2\leqslant 1\}$；(3) X和Y的边缘密度函数.

作业本(第 7 册)

学院：__________ 专业：__________ 班　　级：__________

学号：__________ 姓名：__________ 任课教师：__________

華東理工大學出版社
EAST CHINA UNIVERSITY OF SCIENCE AND TECHNOLOGY PRESS
·上海·

第十三次作业

一、选择题

1. 设 $\xi \sim N(0, 1)$，$\eta \sim N(0, 4)$，$\zeta = \xi + \eta$，下列说法正确的是(　　).

(A) $E\zeta = 1$；　(B) $E\zeta = 0$；　(C) $D\zeta = 5$；　(D) $\sqrt{D\zeta} = 3$.

2. 设 X_1，X_2，X_3 相互独立同服从参数 $\lambda = 3$ 的泊松分布，令 $Y = \frac{1}{3}(X_1 + X_2 + X_3)$，则 $E(Y^2) = $(　　).

(A) 1；　(B) 9；　(C) 10；　(D) 6.

3. 设 $X \sim P(\lambda)$，且 $E[(X-1)(X-2)] = 1$，则 $\lambda =$(　　).

(A) 1；　(B) 2；　(C) 3；　(D) 0.

二、填空题

1. 已知二维随机变量(ξ, η)的联合概率分布为

ξ \ η	0	1
0	0.1	0.15
1	0.25	0.2
2	0.15	0.15

则 $E\xi =$ ________，$E\eta =$ ________，$E\left[\sin\frac{\pi}{2}(\xi+\eta)\right] =$ ________，$E[\max(\xi, \eta)] =$ ________，$D[\max(\xi, \eta)] =$ ________.

2. 设随机变量 ξ_1，ξ_2，ξ_3 相互独立，$\xi_1 \sim U(0, 6)$，$\xi_2 \sim N(0, 4)$，$\xi_3 \sim E(3)$，则 $E(\xi_1 - 2\xi_2 + 3\xi_3) =$ ________，$D(\xi_1 - 2\xi_2 + 3\xi_3) =$ ________.

3. 已知 $X \sim N(-2, 0.4^2)$，则 $E(X+3)^2 =$ ________.

三、计算题

1. 设二维随机变量(ξ, η)的联合概率密度函数为

$$p(x, y) = \begin{cases} \frac{1}{8}(x+y), & 0 < x < 2, 0 < y < 2; \\ 0, & \text{其他}. \end{cases}$$

求 $E\xi$，$E\eta$，$E(\xi\eta)$.

2. 二维随机变量(ξ, η)服从以点$(0, 1)$,$(1, 0)$,$(1, 1)$为顶点的三角形区域上的均匀分布,试求$E(\xi+\eta)$和$D(\xi+\eta)$.

3. 有10个人同乘一辆长途汽车,沿途有20个车站,每到一个车站时,如果没有人下车,则不停车.设每位乘客在各站下车是等可能的,且各乘客是否下车是相互独立的,求停车次数的数学期望.

4. 某厂生产一种化工产品，这种产品每月的市场需求量 ξ(单位：吨)服从[0，5]上的均匀分布.这种产品生产出来后，在市场上每售出 1 吨可获利 6 万元.如果产量大于需求量，则每多生产 1 吨要亏损 4 万元.如果产量小于需求量，则不亏损，但只有生产出来的那一部分产品能获利.问：为了使每月的平均利润达到最大，这种产品的月产量 a 应该定为多少吨？这时平均每月利润是多少元？

5. 设随机变量 X，Y 独立同分布，且 $X \sim N\left(0, \frac{1}{2}\right)$，求 $D|X-Y|$.

第十四次作业

一、填空题

1. 已知 $D\xi = 4$，$D\eta = 9$，则当 $D(\xi - \eta) = 12$ 时，$\rho_{\xi\eta} =$ ________；当 $\rho_{\xi\eta} = 0.4$ 时，$D(\xi + \eta) =$ ________.

2. 设 $D(X) = 25$，$D(Y) = 36$，$\rho_{xy} = 0.4$，则 $D(X + Y) =$ ________.

3. 设二维随机变量 $(\xi, \eta) \sim N(1, 4; 1, 4; 0.5)$，$\zeta = \xi - \eta$，则 $\mathrm{cov}(\xi, \zeta) =$ ________.

二、选择题

1. 已知随机变量 X 与 Y 独立同分布，记 $U = X + Y$，$V = X - Y$，则 U 与 V 必(　　).

(A) 独立；　(B) 不独立；　(C) 相关；　(D) 不相关.

2. 设随机变量 ξ 与 η 的方差存在且不等于 0，则 $D(\xi + \eta) = D\xi + D\eta$ 是 ξ 与 η 的(　　).

(A) 独立的充要条件；

(B) 独立的充分条件，但不是必要条件；

(C) 不相关的充要条件；

(D) 不相关的充分条件，但不是必要条件.

3. 对于任意两个随机变量 X 和 Y，若 $E(XY) = E(X) \cdot E(Y)$，则(　　).

(A) $D(XY) = D(X) \cdot D(Y)$；

(B) $D(X + Y) = D(X) + D(Y)$；

(C) X 和 Y 独立；

(D) X 和 Y 不独立.

三、计算题

1. 已知随机变量 ξ、η 的概率分布分别为

ξ	-1	0	1
P	$\frac{1}{4}$	$\frac{1}{2}$	$\frac{1}{4}$

η	0	1
P	$\frac{1}{2}$	$\frac{1}{2}$

而且 $P\{\xi\eta = 0\} = 1$.

(1) 求 ξ、η 的联合概率分布；(2) 问 ξ、η 是否独立?

2. 已知二维随机变量(ξ, η)的联合概率分布为

ξ \ η	0	1	2	3
1	0	$\frac{3}{8}$	$\frac{3}{8}$	0
3	$\frac{1}{8}$	0	0	$\frac{1}{8}$

(1) 求 $\rho_{\xi\eta}$；(2) ξ 与 η 是否独立？说明理由.

3. 设二维随机变量(ξ, η)的联合概率密度函数为

$$p(x, y) = \begin{cases} 3x, & 0 < y < x < 1; \\ 0, & \text{其他}. \end{cases}$$

求 ξ 与 η 的相关系数.

4. 设两个随机变量 ξ, η, $E\xi=-2$, $E\eta=4$, $D\xi=4$, $D\eta=9$, $\rho_{\xi\eta}=-0.5$, 求 $E(3\xi^2-2\xi\eta+\eta^2-3)$.

5. 设二维随机变量(X, Y)的相关系数为ρ_{XY}，而$\xi = aX + b$，$\eta = cY + d$，其中a，b，c，d为常量，并且已知$ac > 0$，试证$\rho_{\xi\eta} = \rho_{XY}$.

作业本(第8册)

学院:__________ 专业:__________ 班　　级:__________

学号:__________ 姓名:__________ 任课教师:__________

華東理工大學出版社
EAST CHINA UNIVERSITY OF SCIENCE AND TECHNOLOGY PRESS
·上海·

第十五次作业

一、选择题

1. 设随机变量 ξ 的概率分布律为

ξ	-1	0	1	2
P	0.2	0.1	0.3	0.4

则 $\eta=\xi^2-1$ 的分布函数 $F(y)$ 为(　　).

(A) $F(y)=\begin{cases}0, & y<-1;\\ 0.1, & -1\leqslant y<0;\\ 0.6, & 0\leqslant y<1;\\ 1, & y\geqslant 1;\end{cases}$　　(B) $F(y)=\begin{cases}0, & y<1;\\ 0.1, & 1\leqslant y<0;\\ 0.6, & 0\leqslant y<3;\\ 1, & y\geqslant 3;\end{cases}$

(C) $F(y)=\begin{cases}0, & y<-1;\\ 0.1, & -1\leqslant y<0;\\ 0.6, & 0\leqslant y<3;\\ 1, & y\geqslant 3;\end{cases}$　　(D) $F(y)=\begin{cases}0, & y<1;\\ 0.1, & 1\leqslant y<0;\\ 0.6, & 0\leqslant y<4;\\ 1, & y\geqslant 4.\end{cases}$

2. 设随机变量 ξ 的密度函数为 $p(x)$，则 $\eta=3\xi-1$ 的密度函数 $p_\eta(y)$ 为(　　).

(A) $\frac{1}{3}p\left(\frac{y+1}{3}\right)$；　　(B) $3p\left(\frac{y+1}{3}\right)$；

(C) $\frac{1}{3}p[3(y+1)]$；　　(D) $3p\left(\frac{y-1}{3}\right)$.

3. 设随机变量 ξ 的密度函数为

$$p(x)=\begin{cases}2x, & 0\leqslant x<1;\\ 0, & \text{其他};\end{cases}$$

则 $\eta=\xi^2$ 的密度函数 $p_\eta(y)$ 为(　　).

(A) $p_\eta(y)=\begin{cases}\frac{1}{2}y, & 0\leqslant y<1;\\ 0, & \text{其他};\end{cases}$　　(B) $p_\eta(y)=\begin{cases}2y, & 0\leqslant y<1;\\ 0, & \text{其他};\end{cases}$

(C) $p_\eta(y)=\begin{cases}\frac{2}{\sqrt{y}}, & 0\leqslant y<1;\\ 0, & \text{其他};\end{cases}$　　(D) $p_\eta(y)=\begin{cases}1, & 0\leqslant y<1;\\ 0, & \text{其他}.\end{cases}$

4. 设随机变量 ξ 和 η 相互独立，且 $\xi\sim P(\lambda)$，$\eta\sim P(\lambda)$，则下列(　　)不成立.

(A) $P\{\xi+\eta=1\}=2\lambda e^{-2\lambda}$；　　(B) $P\{\xi+\eta=0\}=e^{-\lambda}$；

(C) $E(\xi+\eta)=2\lambda$；　　(D) $D(\xi+\eta)=2\lambda$.

二、填空题

1. 已知随机变量 $\xi\sim U(-2,4)$，设 $\eta=\frac{\xi}{2}+1$，则 η 的概率密度为 $p_\eta(y)=$________.

2. 已知随机变量 $\xi \sim N(0, 1)$，$\eta = 2\xi - 5$，则 η 的概率密度为 $p_\eta(y) =$ ________.

3. 已知随机变量 $\xi \sim N(0, 1)$，$\eta = e^\xi$，则 η 的概率密度为 $p_\eta(y) =$ ________.

4. 设随机变量 ξ 和 η 相互独立，且 $\xi \sim B(2, 0.4)$，$\eta \sim B(3, 0.4)$，则 $\xi + \eta$ 服从参数为________的二项分布.

三、计算题

1. 已知随机变量 $\xi \sim U[0, 2]$，求 $\eta = \xi^2$ 的概率密度.

2. 设随机变量 X 的概率分布为

X	1	2	3	…	n	…
P	$\frac{1}{2}$	$\left(\frac{1}{2}\right)^2$	$\left(\frac{1}{2}\right)^3$	…	$\left(\frac{1}{2}\right)^n$	…

求 $Y = \sin\left(\frac{\pi}{2}X\right)$ 的概率分布.

3. 已知随机变量 $\xi \sim N(0, 1)$，求 $\eta = |\xi|$ 的概率密度.

4. 设 $\xi \sim U(0, 1)$，求 $\eta = \xi^{\ln \xi}$ 的概率密度.

5. 已知随机变量 $\xi \sim U(-2, 4)$，求 $\eta = \xi^2$ 的分布函数.

6. 已知随机变量 ξ、η 的概率分布分别为

ξ	-1	0	1
P	$\frac{1}{4}$	$\frac{1}{2}$	$\frac{1}{4}$

η	0	1
P	$\frac{1}{2}$	$\frac{1}{2}$

而且 $P\{\xi\eta=0\}=1$.

根据第七册第十四次作业的第三题的第1题求 $\zeta=\max(\xi,\ \eta)$ 的概率分布.

第十六次作业

一、选择题

1. 设随机变量 ξ 和 η 相互独立,且 $\xi\sim N(0,\ 4)$,$\eta\sim N(2,\ 8)$,则 $\xi+2\eta$ 的密度函数 $p(z)$ 为(　　).

(A) $\dfrac{1}{6\sqrt{2\pi}}e^{-\frac{(z-4)^2}{72}}$; (B) $\dfrac{1}{2\sqrt{6\pi}}e^{-\frac{z^2}{24}}$; (C) $\dfrac{1}{6\sqrt{2\pi}}e^{-\frac{z^2}{72}}$; (D) $\dfrac{1}{2\sqrt{6\pi}}e^{-\frac{(z-4)^2}{24}}$.

2. 设随机变量$(\xi,\ \eta)$的联合密度函数为 $p(x,\ y)$,则 $\xi+\eta$ 的分布函数 $F(z)=$(　　).

(A) $F(z)=\int_{-\infty}^{+\infty}\mathrm{d}y\int_{-\infty}^{y}p(z-x,\ y)\mathrm{d}x$; (B) $F(z)=\int_{-\infty}^{+\infty}\mathrm{d}x\int_{-\infty}^{+\infty}p(z-x,\ y)\mathrm{d}y$;

(C) $F(z)=\int_{-\infty}^{+\infty}\mathrm{d}x\int_{-\infty}^{x}p(z-x,\ y)\mathrm{d}y$; (D) $F(z)=\int_{-\infty}^{+\infty}\mathrm{d}x\int_{-\infty}^{z-x}p(x,\ y)\mathrm{d}y$.

3. 设随机变量 ξ 和 η 相互独立,其密度函数分别为 $p_1(x)$ 与 $p_2(y)$,则 $\dfrac{\eta}{\xi}$ 的密度函数 $p(z)$ 为(　　).

(A) $p(z)=\int_{-\infty}^{+\infty}|x|\,p_1(x)p_2(zx)\mathrm{d}x$; (B) $p(z)=\int_{-\infty}^{+\infty}p_1(x)p_2(z-x)\mathrm{d}x$;

(C) $p(z)=\int_{-\infty}^{+\infty}|x|\,p_1(zx)p_2(x)\mathrm{d}x$; (D) $p(z)=\int_{-\infty}^{+\infty}p_1(z-x)p_2(x)\mathrm{d}x$.

4. 设随机变量 ξ 和 η 相互独立,其分布函数分别为 $F_\xi(x)$ 与 $F_\eta(y)$,则 $\zeta=\max(\xi,\ \eta)$ 的分布函数 $F_\zeta(z)$等于(　　).

(A) $\max\{F_\xi(z),\ F_\eta(z)\}$; (B) $F_\xi(z)F_\eta(z)$;

(C) $\dfrac{1}{2}[F_\xi(z)+F_\eta(z)]$; (D) $F_\xi(z)+F_\eta(z)-F_\xi(z)F_\eta(z)$.

二、填空题

1. 设随机变量 ξ 和 η 相互独立，且 $\xi \sim N(-2, 4)$，$\eta \sim N(-2, 12)$，则 $\xi - \eta$ 的密度函数 $p(z) =$ ________.

2. 设随机变量 ξ 和 η 独立同分布，均服从 $(0, 1)$ 上的均匀分布，则 $\max(\xi, \eta)$ 的密度函数 $p(z) =$ ________.

3. 设随机变量 ξ 和 η 相互独立，且 $\xi \sim E(1)$，$\eta \sim E(2)$，则 $P\{\min(\xi, \eta) \leqslant 1\} =$ ________.

三、计算题

1. 设随机变量 ξ、η 相互独立，其密度函数分别为

$$p_\xi(x) = \begin{cases} 1, & 0 < x < 1; \\ 0, & \text{其他}; \end{cases} \quad p_\eta(y) = \begin{cases} e^{-y}, & y > 0; \\ 0, & y \leqslant 0. \end{cases}$$

求 $\xi + \eta$ 的概率密度函数.

2. 设随机变量 (ξ, η) 的联合概率密度函数为

$$p(x, y) = \begin{cases} 2 - x - y, & 0 < x < 1, 0 < y < 1; \\ 0, & \text{其他}. \end{cases}$$

求 $\xi + \eta$ 的概率密度函数.

3. 设 ξ, η 是两个相互独立的随机变量,且均服从均匀分布 $U(0, 1)$ 的随机变量,求 $\xi-\eta$ 的概率密度函数.

4. 电子仪器由 4 个相互独立的部件 $L_i (i = 1, 2, 3, 4)$ 组成,连接方式如图所示. 设各个部件的使用寿命 ξ_i 服从指数分布 $E(1)$,求仪器使用寿命 ζ 的概率密度.

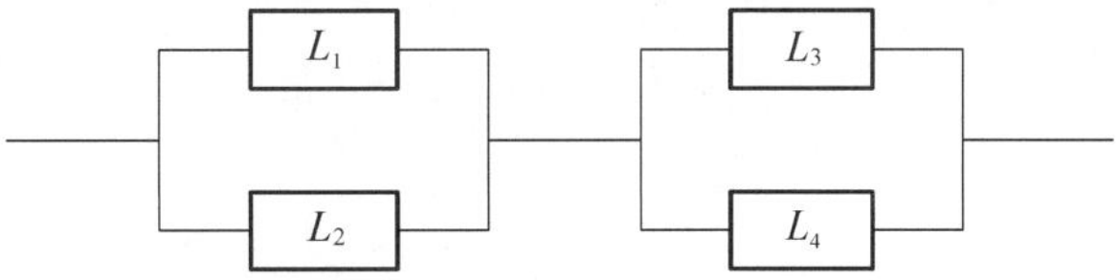

5. 将上题中的电子部件 $L_i(i=1,2,3,4)$ 按下列方式联接,求仪器使用寿命 ζ 的概率密度.

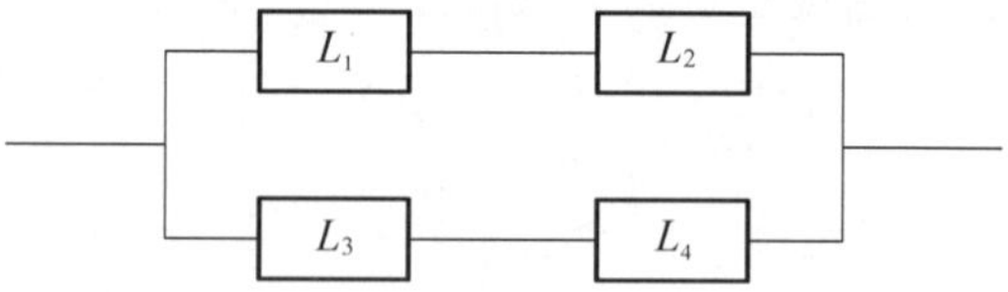

6. 将上题中的串联部分加上一个开关,先用上面部分,如果坏了,合上开关再用下面部分,求仪器使用寿命 ζ 的概率密度.

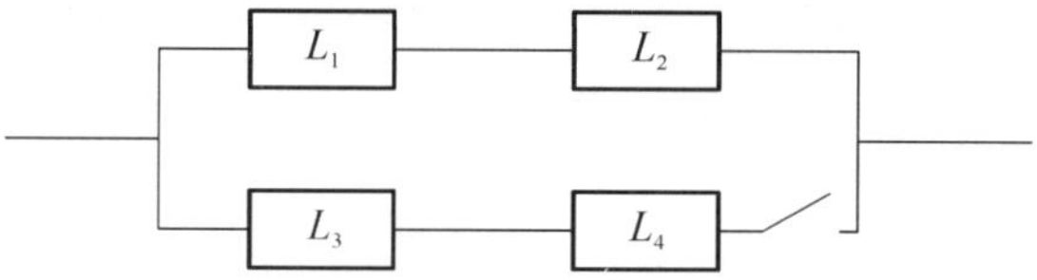

作业本(第 9 册)

学院:__________ 专业:__________ 班　　级:__________

学号:__________ 姓名:__________ 任课教师:__________

華東理工大學出版社
EAST CHINA UNIVERSITY OF SCIENCE AND TECHNOLOGY PRESS
·上海·

第十七次作业

一、选择题

1. 德莫哇佛-拉普拉斯中心极限定理的叙述是：若 μ_n 是 n 次独立重复试验中事件 A 发生的次数，p 是事件 A 在每次试验中发生的概率，$0<p<1$，则对任何 x，有(　　)成立.

(A) $\lim\limits_{n\to\infty} P\left\{\left|\frac{\mu_n}{n}-p\right|<\varepsilon\right\}=0$；

(B) $\lim\limits_{n\to\infty} P\left\{\left|\frac{\mu_n}{n}-p\right|<\varepsilon\right\}=1$；

(C) $\lim\limits_{n\to\infty} P\left\{\frac{\mu_n-np}{\sqrt{np(1-p)}}<x\right\}=\int_{-\infty}^{x}\frac{1}{\sqrt{2\pi}}e^{-\frac{t^2}{2}}\mathrm{d}t$；

(D) $\lim\limits_{n\to\infty} P\{\mu_n<x\}=\int_{-\infty}^{x}\frac{1}{\sqrt{2\pi}}e^{-\frac{t^2}{2}}\mathrm{d}t$.

2. 生产线上组装每件产品的时间服从指数分布，统计资料表明该生产线每件产品的平均组装时间为 10 min，各件产品组装时间相互独立，若要以概率 95%保证在 16 h 内最多可组装(　　)件成品.

(A) 81；　　(B) 82；　　(C) 83；　　(D) 84.

3. 设 $\xi_1, \xi_2, \cdots, \xi_n, \cdots$ 是两两不相关的随机变量序列，方差存在且有共同的上界，即 $D\xi_n\leqslant C\ (n=1, 2, \cdots)$，则$\{\xi_n\}$服从切比雪夫大数定律，即对任何 $\varepsilon>0$，有(　　)成立.

(A) $\lim\limits_{n\to\infty} P\left\{\left|\frac{1}{n}\sum_{i=1}^{n}\xi_i-\frac{1}{n}\sum_{i=1}^{n}E\xi_i\right|<\varepsilon\right\}=0$；

(B) $\lim\limits_{n\to\infty} P\left\{\left|\frac{1}{n}\sum_{i=1}^{n}\xi_i-\frac{1}{n}\sum_{i=1}^{n}E\xi_i\right|<\varepsilon\right\}=1$；

(C) $\lim\limits_{n\to\infty} P\left\{\frac{\sum_{i=1}^{n}\xi_i-\sum_{i=1}^{n}E\xi_i}{\sqrt{\sum_{i=1}^{n}D\xi_i}}<x\right\}=\int_{-\infty}^{x}\frac{1}{\sqrt{2\pi}}e^{-\frac{t^2}{2}}\mathrm{d}t$；

(D) $\lim\limits_{n\to\infty} P\left\{\sum_{i=1}^{n}\xi_i<x\right\}=\int_{-\infty}^{x}\frac{1}{\sqrt{2\pi}}e^{-\frac{t^2}{2}}\mathrm{d}t$.

4. 设$\{\xi_n\}$为独立同分布的随机变量序列，其概率分布为

$$P\left(\xi_n=\frac{2^k}{k^2}\right)=\frac{1}{2^k},\ k=1, 2, \cdots,$$

则利用(　　)可知$\{\xi_n\}$服从大数定律.

(A) 马尔可夫大数定律；　　(B) 切比雪夫大数定律；

(C) 伯努利大数定律；　　(D) 辛钦大数定律.

二、填空题

1. 一批产品的不合格率为 0.02,现从中任取 40 只进行检查,若发现两只或两只以上不合格品就拒收这批产品,分别用以下方法求拒收的概率:(1) 用二项作精确计算拒收的概率为________;(2) 若利用泊松分布作近似计算,得到拒收的概率为________;(3) 若利用中心极限定理作近似计算,得到拒收的概率为________.

2. 已知一本 300 页的书中每页印刷错误的个数服从泊松分布 $P(0.2)$,若直接利用泊松分布的可加性来计算,则这本书印刷错误总数不多于 70 个的概率为________;若利用中心极限定理作近似计算,则这本书印刷错误总数不多于 70 个的概率为________.

3. 检验员逐个检查产品,以 $\frac{1}{2}$ 概率用 10 s 查一个产品,以 $\frac{1}{2}$ 概率用 20 s(重复两次)检查一个产品,为了利用中心极限定理近似计算在 8 h 内检验员所查产品多于 900 个的概率,可以将检验员检查一个产品的时间(s)看作一个随机变量 ξ_i,于是有 ξ_i 的概率分布为____________________,故 ξ_i 的数学期望为________,方差为________. 利用林德贝格-列维中心极限定理可知在 8 h 内检验员所查产品多于 900 个的概率为________.

三、计算题

1. 作加法时,对每个加数四舍五入取整,各个加数的取整误差可以认为是相互独立的,都服从$(-0.5, 0.5)$上的均匀分布. 现在有 1 200 个数相加,问取整误差总和的绝对值超过 12 的概率是多少?

2. 设有 30 个相互独立的电子器件 $D_1, D_2, \cdots, D_{30}$,它们的使用情况如下:D_1 损坏,D_2 立即使用;D_2 损坏,D_3 立即使用,……设器件 $D_i(i=1, 2, \cdots, 30)$ 的寿命服从参数为 $\lambda=0.1(\mathrm{h}^{-1})$ 的指数分布,令 T 为 30 个器件使用的总计时间,问 T 超过 350 h 的概率是多少?

3. 某种福利彩票的奖金额 ξ 由摇奖决定，其分布列为

ξ(万元)	5	10	20	30	40	50	100
P	0.2	0.2	0.2	0.1	0.1	0.1	0.1

若一年中要开出 300 个奖，问需要准备多少奖金总额，才有 95%的把握保证能够发放奖金？

4. 一复杂系统，由多个相互独立作用的部件组成，在运行期间，每个部件损坏的概率都是 0.1，为了使整个系统可靠地工作，必须至少有 88%的部件起作用.

(1) 已知系统中共有 900 个部件，求整个系统的可靠性(即整个系统能可靠地工作的概率).

(2) 为了使整个系统的可靠性达到 0.99，整个系统至少需要由多少个部件组成？

5. 分别用切比雪夫不等式和德莫哇佛-拉普拉斯极限定理确定：当掷一枚硬币时，需要掷多少次才能保证出现正面的概率在 0.4～0.6 之间的概率不少于 90%.

6. 设$\{\xi_n\}$为独立同分布随机变量序列,其概率分布律为

$$P(\xi_n = \pm \log k) = \frac{1}{2}, (n = 1, 2, \cdots),$$

k 为大于零的常数,试证$\{\xi_n\}$服从大数定律.

7*. 随机变量序列$\{\xi_k\}$各以$\frac{1}{2}$的概率取值 k^s 和$-k^s$. 当 s 为何值时,大数定律可应用于独立随机变量序列 $\xi_1, \cdots, \xi_n, \cdots$, 的算术平均值.

第十八次作业

一、填空题

1. 设 121, 128, 130, 109, 115, 122, 110, 120 为总体 X 的一组样本观察值,则样本均值 $\overline{X}=$________;样本方差 $S_{n-1}^2=$________;样本标准差 $S_{n-1}=$________;样本二阶原点矩 $\overline{X^2}=$________.

2. 设总体 $X \sim N(0, 1)$, $X_1, X_2, \cdots, X_n$ 为样本,则 (1) $X_1^2 + X_2^2 + X_3^2 \sim$________;

(2) $\dfrac{X_1 - X_2}{\sqrt{X_3^2 + X_4^2}} \sim$________;(3) $\dfrac{\left(\frac{n}{3} - 1\right)\sum\limits_{i=1}^{3} X_i^2}{\sum\limits_{i=4}^{n} X_i^2} \sim$________.

二、选择题

1. 设 $(X_1, X_2, \cdots, X_n)$ 为总体 X 的一个样本，若样本观测值分别为 $(-2, -1, 0, 0, 1, 2)$，则下述选项错误的是(　　).

(A) 样本均值为 0；　　(B) 样本中位数为 0；

(C) 样本方差为 2；　　(D) 样本极差为 2.

2. 已知总体 $X \sim N(\mu, \sigma^2)$，其中 μ 已知而 σ^2 未知，$X_1, X_2, \cdots, X_n$ 是总体 X 的一个样本，则下列的(　　)不是统计量，其中 $\bar{X}$ 为样本均值.

(A) $\dfrac{1}{n}\sum\limits_{i=1}^{n}(X-\bar{X})$；　　(B) $X_1 + 2\mu$；

(C) $\dfrac{1}{\sigma^2}\sum\limits_{i=1}^{n}(X_i-\bar{X})^2$；　　(D) $\max\{X_1, X_2, \cdots, X_n\}$.

3. 设随机变量 $X \sim N(1, 2^2)$，$X_1, X_2, \cdots, X_{100}$ 是 X 的样本，$\bar{X}$ 为样本均值，已知 $Y = a\bar{X} + b \sim N(0, 1)$，则有(　　).

(A) $a = -5, b = 5$；　　(B) $a = 5, b = 5$；

(C) $a = \dfrac{1}{5}, b = -\dfrac{1}{5}$；　　(D) $a = -\dfrac{1}{5}, b = \dfrac{1}{5}$.

4. 设总体 $X \sim N(0, 1)$，$X_1, X_2, \cdots, X_6$ 为样本，又设 $Y = (X_1 + X_3 + X_5)^2 + (X_2 + X_4 + X_6)^2$，且 $CY \sim \chi^2(2)$ 分布，则 $C=$(　　).

(A) 1；　　(B) $\dfrac{1}{2}$；　　(C) $\dfrac{1}{3}$；　　(D) $\dfrac{1}{6}$.

三、计算题

1. 设从总体 ξ 中取得一个容量为 5 的样本，样本观测值为

$$-2.8, -1, 1.5, 2.1, 3.4.$$

试求此样本的经验分布函数 $F_5(x)$，并做出其图形.

2. 设 $(X_1, X_2, \cdots, X_n)$，$(Y_1, Y_2, \cdots, Y_n)$ 是两个样本，它们之间有下列关系：

$$Y_i = \frac{X_i - a}{b},\ (i = 1, 2, \cdots, n),$$

其中 $a, b \neq 0$ 是常数，求：

(1) 它们的样本均值 $\bar{X} = \frac{1}{n}\sum_{i=1}^{n} X_i$ 与 $\bar{Y} = \frac{1}{n}\sum_{i=1}^{n} Y_i$ 之间的关系；

(2) 它们的样本方差 $S_x^2 = \frac{1}{n-1}\sum_{i=1}^{n}(X_i - \bar{X})^2$ 与 $S_y^2 = \frac{1}{n-1}\sum_{i=1}^{n}(Y_i - \bar{Y})^2$ 之间的关系.

3. 设总体 $\xi \sim N(\mu, 10^2)$，问抽取的样本容量 n 多大时，才能使概率 $P(\mu - 5 < \bar{X} < \mu + 5) = 0.954$？

4. 设总体 $X \sim N(12,\ 2^2)$，$X_1,\ X_2,\ \cdots,\ X_5$ 是样本，求：(1) $P(|X-12|<1)$；(2) $P(|\bar{X}-12|<1)$；(3) $P\{\min\limits_{1\leqslant i\leqslant 5} X_i > 10\}$；(4) $P\{\max\limits_{1\leqslant i\leqslant 5} X_i > 15\}$.

5. 设总体 $\xi \sim N(50,\ 6^2)$，总体 $\eta \sim N(46,\ 4^2)$，且 $\xi,\ \eta$ 相互独立，从总体 ξ 中抽取容量为 10 的样本，从总体 η 中抽取容量为 8 的样本，且 $\bar{X},\ \bar{Y}$ 分别为 ξ, η 的样本均值，$S_x^2,\ S_y^2$ 分别为 ξ, η 的样本方差. 求下列概率.

(1) $P(50 < \bar{X} < 51.8974, 13.3 < S_x^2 < 67.676)$；(2) $P\left(\dfrac{\bar{Y}-46}{S_y} > 0.8360\right)$；(3) $P\left(\dfrac{S_x^2}{S_y^2} < 8.28\right)$.

作业本(第 10 册)

学院:__________ 专业:__________ 班　　级:__________

学号:__________ 姓名:__________ 任课教师:__________

華東理工大學出版社
EAST CHINA UNIVERSITY OF SCIENCE AND TECHNOLOGY PRESS
·上海·

第十九次作业

一、选择题

1. 设 $(X_1, X_2, \cdots, X_n)$ 是正态总体 $\xi \sim N(\mu, \sigma^2)$ 的样本，$\bar{X}$ 和 S_{n-1}^2 分别为样本均值和样本方差，则有(　　).

(A) $\dfrac{\bar{X}-\mu}{\sigma} \sim N(0, 1)$；　　(B) $\dfrac{\bar{X}-\mu}{S_{n-1}} \sim t(n-1)$；

(C) $n\left(\dfrac{\bar{X}-\mu}{\sigma}\right)^2 \sim \chi^2(1)$；　　(D) $\dfrac{X_1^2}{X_2^2} \sim F(1, 1)$.

2. 设 $(X_1, X_2, \cdots, X_n)$ 是总体 ξ 的样本，总体的各阶矩存在，则错误的是(　　).

(A) 样本均值 $\bar{X}$ 是总体期望的无偏估计；

(B) $X_i (i=1, 2, \cdots, n)$ 均是总体期望的无偏估计；

(C) 样本方差 S_{n-1}^2 是总体方差的无偏估计；

(D) S_n^2 是总体方差的无偏估计，这里 $S_n^2 = \dfrac{1}{n}\sum\limits_{i=1}^{n}(X_i - \bar{X})^2$.

3. 设 $\xi \sim N(\mu, 1)$，(X_1, X_2) 为 ξ 的样本，参数 μ 的无偏估计

$$\hat{\mu}_1 = \frac{X_1 + X_2}{2},\ \hat{\mu}_2 = \frac{X_1 + 2X_2}{3},\ \hat{\mu}_3 = \frac{X_1 + 3X_2}{4},\ \hat{\mu}_4 = \frac{X_1 + 4X_2}{5}$$

中最有效的是(　　).

(A) $\hat{\mu}_1$；　　(B) $\hat{\mu}_2$；　　(C) $\hat{\mu}_3$；　　(D) $\hat{\mu}_4$.

二、填空题

1. 矩法估计的理论依据是 ______________，极大似然估计的依据是 ______________.

2. 点估计的三个主要评价标准是指 ______________；______________；______________.

3. 设 $(X_1, X_2, \cdots, X_n)$ 为总体 $\xi \sim N(\mu, \sigma^2)$ 的样本，则参数 μ 的矩法估计是________；σ^2 的矩法估计是________；参数 μ 的极大似然估计是________；σ^2 的极大似然估计是________.

三、计算题

1. 设总体 X 的分布律为 $P\{X=k\} = \dfrac{1}{N}$，$k=0, 1, 2, \cdots, N-1$ 其中 N 未知，$X_1, \cdots, X_n$ 为来自该总体的样本，试分别求 N 的矩估计 $\hat{N}_M$ 和极大似然估计 $\hat{N}_L$.

2. 设总体 X 服从几何分布：$P(X=x)=p(1-p)^{x-1}$，$x=1, 2, \cdots$，其中 p 未知. 设 $(X_1, X_2, \cdots, X_n)$ 为 X 的样本，试求 p 的矩法估计和极大似然估计.

3. 设总体 X 的密度函数为 $f(x)=\begin{cases}(\theta+1)x^{\theta}, & 0<x<1; \\ 0, & 其他;\end{cases}$ 其中 $\theta>-1$ 是未知参数，$(X_1, X_2, \cdots, X_n)$ 是来自总体的样本，分别用矩估计法和极大似然法求 θ 的估计量.

4. 设总体 X 的分布律为

X	0	1	2	3
P	θ^2	$2\theta(1-\theta)$	θ^2	$1-2\theta$

其中 $\theta\left(0<\theta<\frac{1}{2}\right)$ 是未知参数. 现有一样本：3，1，3，0，3，1，2，3，求 θ 的矩估计值 $\hat{\theta}_M$ 和极大似然估计值 $\hat{\theta}_L$.

5. 设 $(X_1, \cdots, X_n)$ 是取自总体 ξ 的一个简单随机样本，ξ 的密度函数为

$$p(x)=\begin{cases} e^{-(x-\theta)}, & x \geqslant \theta; \\ 0, & x<\theta; \end{cases}$$

其中 $\theta>0$ 为未知参数. (1) 试求 θ 的矩估计；(2) 试求 θ 的极大似然估计.

第二十次作业

一、选择题

1. 设 $(X_1, X_2, \cdots, X_n)$ 为总体 ξ 的样本，$\bar{X}$ 为样本均值，S^2 为样本方差，则(　　).

(A) $\bar{X} = E\xi$；　　(B) $E\bar{X} = E\xi$；

(C) $D\bar{X} = D\xi$；　　(D) $\lim\limits_{n\to\infty}\bar{X} = E\xi$.

2. 设总体 X 的数学期望为 μ，$(X_1, X_2, \cdots, X_n)$ 是取自总体的样本，则下列命题中正确的是(　　).

(A) X_1 是 μ 的无偏估计量；　　(B) X_1 是 μ 的极大似然估计量；

(C) X_1 是 μ 的一致(相合)估计量；　　(D) X_1 不是 μ 估计量.

3. 设 $(X_1, X_2, \cdots, X_n)$ 为总体 $X \sim N(\mu, \sigma^2)$ (μ 已知)的一个样本，$\bar{X}$ 为样本均值，则总体方差 σ^2 的下列估计量中，为无偏估计量的是(　　).

(A) $\dfrac{1}{n}\sum\limits_{i=1}^{n}(X_i - \bar{X})^2$；　　(B) $\dfrac{1}{n-1}\sum\limits_{i=1}^{n-1}(X_i - \bar{X})^2$；

(C) $\dfrac{1}{n}\sum\limits_{i=1}^{n}(X_i - \mu)^2$；　　(D) $\dfrac{1}{n-1}\sum\limits_{i=1}^{n}(X_i - \mu)^2$.

二、填空题

1. 在一批垫圈中随机抽取 10 个，测得它们的厚度(单位：mm)如下：

1.23，1.24，1.26，1.29，1.20，1.32，1.23，1.23，1.29，1.28；用矩估计法得到这批垫圈的数学期望 μ 的估计值 $\hat{\mu}=$________，标准差 σ 的估计值 $\hat{\sigma}=$________.

2. 将合适的数字填入空格，其中：(1) 总体矩，(2) 样本矩，(3) 中心极限定理，(4) 大数定律. 矩估计的做法是用________代替________，其依据是________.

3. 已知总体 $X \sim N(\mu, \sigma^2)$，其中未知参数 μ 和 σ 的极大似然估计分别为 $\bar{X}$ 和 S_{n-1}，则概率 $P\{X < 2\}$ 的极大似然估计为________.

三、计算及证明题

1. 设总体 $\xi \sim N(\mu, 1)$，(X_1, X_2, X_3) 是 ξ 的样本，且 $\hat{\mu}_1 = \dfrac{1}{2}X_1 + \dfrac{1}{4}X_2 + \dfrac{1}{4}X_3$；$\hat{\mu}_2 = \dfrac{1}{3}X_1 + \dfrac{1}{3}X_2 + \dfrac{1}{3}X_3$；$\hat{\mu}_3 = \dfrac{2}{5}X_1 + \dfrac{2}{5}X_2 + \dfrac{1}{5}X_3$.

证明 $\hat{\mu}_1$，$\hat{\mu}_2$，$\hat{\mu}_3$ 都是 μ 的无偏估计，并说明这三个估计中，哪一个估计最有效.

2. 设从均值为 μ，方差为 $\sigma^2>0$ 的总体中，分别抽取容量为 n_1 和 n_2 的两个独立样本，$\bar{X}_1$ 和 $\bar{X}_2$ 分别是这两个样本的均值. 试证：对于任意常数 a，$b(a+b=1)$，$Y=a\bar{X}_1+b\bar{X}_2$ 是 μ 的无偏估计，并确定常数 a，b，使得 DY 达到最小.

3. 设总体 X 服从区间 $(\theta, \theta+1)$ 上的均匀分布,其中 θ 为未知参数, $X_1, X_2, \cdots, X_n$ 是来自于 X 的一个样本, $\bar{X}$ 是样本均值, $X_{(1)} = \min\{X_1, X_2, \cdots, X_n\}$.

证明: $\hat{\theta}_1 = \bar{X} - \frac{1}{2}$ 和 $\hat{\theta}_2 = X_{(1)} - \frac{1}{n+1}$ 都是 θ 无偏估计量 $(n > 1)$.

4. 设总体 X 服从参数为$\dfrac{1}{\theta}$的指数分布，$(X_1, X_2, \cdots, X_n)$ 是总体 X 的一个样本，证明：(1) $\bar{X}$ 和 $n\min\limits_{1\leqslant i\leqslant n}\{X_i\}$ 都是 θ 的无偏估计；(2) 问 $\bar{X}$，$n\min\limits_{1\leqslant i\leqslant n}\{X_i\}$ 中哪个更有效？

5. [*]试讨论参数的矩法估计和极大似然估计是否一定存在？如果存在又是否唯一？

作业本(第 11 册)

学院:__________ 专业:__________ 班　　级:__________

学号:__________ 姓名:__________ 任课教师:__________

華東理工大學出版社
EAST CHINA UNIVERSITY OF SCIENCE AND TECHNOLOGY PRESS
· 上海 ·

第二十一次作业

一、选择题

1. 关于“参数 μ 的置信水平为 95%的置信区间为 (a, b)”的正确理解的是(　　).

(A) 至少有 95%的把握认为 (a, b) 包含参数真值 μ;

(B) 恰好有 95%的把握认为 (a, b) 包含参数真值 μ;

(C) 恰好有 95%的把握认为参数真值 μ 落在区间 (a, b) 内;

(D) 若进行 100 次抽样,必有 95 次参数真值 μ 落在区间 (a, b) 内.

2. 设总体 $\xi \sim N(\mu, \sigma_0^2)$,其中 σ_0 已知. 在样本容量 n 和置信水平 $1-\alpha$ 确定的情况下,对不同的样本观测值,若样本均值 $\bar{X}$ 增大,则总体期望 μ 的置信区间的长度(　　).

(A) 变长;　　　　(B) 变短;

(C) 不变;　　　　(D) 不能确定.

3. *设从总体 $\xi \sim N(\mu_1, \sigma_1^2)$ 和总体 $\eta \sim N(\mu_2, \sigma_2^2)$ 中分别抽取容量为 9 和 16 的独立样本,以 $\bar{x}, \bar{y}, S_x^2, S_y^2$ 分别表示两个独立样本的样本均值和样本方差,若已知 $\sigma_1 = \sigma_2$,则 $\mu_1 - \mu_2$ 的置信水平为 95%的置信区间为(　　).

(A) $\left[\bar{x}-\bar{y}-u_{0.975}\sqrt{\dfrac{\sigma_1^2}{9}+\dfrac{\sigma_2^2}{16}},\ \bar{x}-\bar{y}+u_{0.975}\sqrt{\dfrac{\sigma_1^2}{9}+\dfrac{\sigma_2^2}{16}}\right]$;

(B) $\left[\bar{x}-\bar{y}-u_{0.975}\sqrt{\dfrac{S_x^2}{9}+\dfrac{S_y^2}{16}},\ \bar{x}-\bar{y}+u_{0.975}\sqrt{\dfrac{S_x^2}{9}+\dfrac{S_y^2}{16}}\right]$;

(C) $\left[\bar{x}-\bar{y}-\dfrac{t_{0.975}(25)S_w}{5},\ \bar{x}-\bar{y}+\dfrac{t_{0.975}(25)S_w}{5}\right]$,其中 $S_w=\sqrt{\dfrac{9S_x^2+16S_y^2}{25}}$;

(D) $\left[\bar{x}-\bar{y}-t_{0.975}(23)S_w\dfrac{5}{12},\ \bar{x}-\bar{y}+t_{0.975}(23)S_w\dfrac{5}{12}\right]$,其中 $S_w=\sqrt{\dfrac{8S_x^2+15S_y^2}{23}}$.

二、填空题

1. 将合适的数字填入空格,其中:(1) 置信水平 α,(2) 置信水平 $1-\alpha$,(3) 精确度,(4) 准确度. 置信区间的可信度由________控制,而样本容量可用来调整置信区间的________.

2. 有一大批糖果,先从中随机地取 16 袋,称得质量(单位:g)如下:

506, 508, 499, 503, 504, 510, 497, 512,
514, 505, 493, 496, 506, 502, 509, 496.

设袋装糖果的质量近似地服从正态分布 $N(\mu, \sigma^2)$,则总体均值 μ 的置信水平为 95%的置信区间为________,总体标准差 σ 的置信水平为 95%的置信区间为________.

3. 设总体 $\xi \sim N(\mu, 4)$,样本均值 $\bar{X}$,要使总体均值 μ 的置信水平为 95%的置信区间为 $[\bar{X}-0.56, \bar{X}+0.56]$,样本容量(观测次数)$n$ 至少为________.

三、计算题

1. 设某地旅游者日消费额服从正态分布 $N(\mu, \sigma^2)$,且标准差 $\sigma = 12$,今对该地旅游者的日平均消费额进行估计，为了能以 95%的置信水平相信这种估计误差小于 2(元)，问至少需要调查多少人?

2. 设某炼铁厂炼出的铁水含碳量(单位：%)服从于正态分布 $N(\mu, \sigma^2)$，根据长期积累的资料，已知其中 $\sigma = 0.108$. 现测量 5 炉铁水，测得含碳量为：4.28，4.40，4.42，4.35，4.37. 求总体均值 μ 的置信水平为 95%的置信区间.

3. 设某种清漆的干燥时间服从正态分布 $N(\mu, \sigma^2)$. 现有该清漆的 9 个样本，干燥时间分别为 6.0，5.7，5.8，6.5，7.0，6.3，5.6，6.1，5.0. 试求该种清漆平均干燥时间的置信水平为 95%的置信区间.

4. 某厂生产一批圆形药片，已知药片直径 $X \sim N(\mu, \sigma^2)$，随机抽取 16 粒药片，测得样本均值 $\bar{x} = 4.87\,\text{mm}$，样本标准差 $s = 0.32\,\text{mm}$，求总体的方差 σ^2 在置信水平为 0.95 下的置信区间.

5. 为了测试某药物的疗效,随机抽取 10 人测量其服用药物前后某指标的数据.

服用前 X: 41, 60.3, 23.9, 36.2, 52.7, 22.5, 67.5, 50.3, 50.9, 24.6;

服用后 Y: 49.6, 64.5, 33.3, 36, 43.5, 56.8, 60.7, 57.3, 65.4, 41.9.

假设服用前后该指标测量值分别都服从正态分布:$X\sim N(\mu_1,\sigma_1^2)$,$Y\sim N(\mu_2,\sigma_2^2)$,令 $Z=Y-X$. (1) 证明若服药前后的样本容量均为 n,则有 $\dfrac{Z-(\mu_2-\mu_1)}{S_z}\sqrt{n}\sim t(n-1)$,其中 S_Z 为 Z 的样本标准差;(2) 求 $\mu_2-\mu_1$ 的置信水平为 95%的置信区间.

第二十二次作业

一、选择题

1. 假设检验中分别用 H_0 和 H_1 表示原假设和备选假设,则犯第一类错误的概率是指(　　).

(A) $P\{$接受 $H_0\,|\,H_0$ 为真$\}$;　　(B) $P\{$接受 $H_0\,|\,H_0$ 不真$\}$;

(C) $P\{$拒绝 $H_0\,|\,H_0$ 为真$\}$;　　(D) $P\{$拒绝 $H_0\,|\,H_0$ 不真$\}$.

2. 一个显著性的假设检验问题,检验的结果是拒绝原假设还是接受原假设,与之有关的选项中,正确的是(　　).

(A) 与显著性水平有关;　　(B) 与检验统计量的分布有关;

(C) 与样本数据有关;　　(D) 与上述三项全有关.

3. 一个显著性水平为 α 的假设检验问题,如果原假设 H_0 被拒绝,则(　　).

(A) 原假设 H_0 一定不真;

(B) 这个检验犯第一类错误的概率不超过 α;

(C) 这个检验也可能会犯第二类错误;

(D) 这个检验两类错误都可能会犯.

二、填空题

1. 假设检验的基本思想是基于____________________.

2. 选择原假设最重要的准则是____________________.

3. 假设检验可能犯的错误是____________和____________.

三、计算题

1. 已知在正常生产情况下某厂生产的汽车零件的直径服从正态分布 $N(54, 0.75^2)$，在某日生产的零件中随机抽取 10 件，测得直径(单位：cm)如下：

$$54.0, 55.1, 53.8, 54.2, 52.1, 54.2, 55.0, 55.8, 55.1, 55.3.$$

如果标准差不变，在显著水平 $\alpha=0.05$ 情况下，能否认为该日生产零件直径的均值与标准值 54 cm 无显著差异？并问这个检验可能犯的错误是哪一类？

2. 从一批矿砂中,抽取 5 个样品,测得它们的镍含量(单位:%)如下:

3.25,3.24,3.26,3.27,3.24.

设镍含量服从正态分布,问能否认为这批矿砂中镍含量的平均值为 3.25(显著水平 $\alpha=0.05$).

3. 用热敏电阻测温仪间接测量地热勘探井底温度 7 次,测得温度(℃)为:

112.0,113.4,111.2,112.0,114.5,112.9,113.6.

而用某精确办法测得温度为 112.6(可看作温度真值),试问热敏电阻测温仪的间接测量有无系统偏差?(显著水平 $\alpha=0.05$)

4. 某工厂生产的铜丝的折断力(*N*)服从标注差为 40 的正态分布,某日抽取 10 根铜丝进行折断力试验,测得结果如下:

$$2\,830,\ 2\,800,\ 2\,795,\ 2\,820,\ 2\,850,\ 2\,830,\ 2\,890,\ 2\,860,\ 2\,875,\ 2\,785.$$

在显著性水平 $\alpha = 0.05$ 情况下,能否认为该日生产的铜丝折断力的标准差无显著性改变?

5. 某种饮料的罐装量 $\xi \sim N(\mu,\ \sigma^2)$,这里 μ, σ^2 未知. 现从中随机抽取 10 瓶,测得饮料的体积(单位:mL)为:

$$100,\ 101,\ 96,\ 92,\ 97,\ 95,\ 98,\ 97,\ 104,\ 101.$$

在显著水平 $\alpha = 0.05$ 下,讨论:

(1) 在方差未知的条件下,是否可以认为饮料的罐装量达到 $\mu = 100$ (mL)?

(2) 是否可以认为罐装量是稳定的,即是否达到方差 $\sigma^2 = 16$?

作业本(第 12 册)

学院:____________ 专业:____________ 班　　级:____________

学号:____________ 姓名:____________ 任课教师:____________

華東理工大學出版社
EAST CHINA UNIVERSITY OF SCIENCE AND TECHNOLOGY PRESS
·上海·

第二十三次作业

一、选择题

1. 若要通过抽样了解其某个服从正态分布的质量指标的方差是否在允许的范围内，宜采用的检验是(　　).

(A) 双侧正态检验；　　(B) 双侧 t 检验；

(C) 单侧 χ^2 检验；　　(D) 单侧 F 检验.

2. 设灯管寿命服从正态分布，按规定寿命不低于 $\mu_0 = 2\,000$ h 的灯管才算合格，要检验某厂灯管是否合格，则原假设 H_0 应选为(　　).

(A) $\mu = \mu_0$；　　(B) $\mu > \mu_0$；　　(C) $\mu \geqslant \mu_0$；　　(D) $\mu \leqslant \mu_0$.

3. 在显著性水平 α 下对原假设 H_0 的检验，本来应该做双侧检验的，某同学却错误地做了单侧检验，其检验的结果是拒绝 H_0，则(　　).

(A) 双侧检验的结果一定是拒绝 H_0；

(B) 双侧检验的结果一定是接受 H_0；

(C) 无论用单侧检验还是双侧检验，犯第一类错误的概率都相同；

(D) 无论用单侧检验还是双侧检验，犯第一类错误的概率都不超过 α.

二、填空题

1. 单侧检验与双侧检验的最大区别是________________________.

2. 如果要检验的是某品牌手机的辐射是否符合国家标准，应该选用________侧检验；如果要检验的是某厂生产螺栓的直径是否符合标准，应该选用________侧检验.

3. 设需要对某正态总体(方差 σ^2 已知)的均值进行假设检验 $H_0: \mu = 15$，$H_1: \mu < 15$，显著性水平为 α，采用的统计量为________，拒绝域为________.

三、计算题

1. 某种导线的电阻(单位：Ω)服从正态分布，按照规定，电阻的标准差不得超过 0.005. 今在一批导线中任取 9 根，测得样本标准差 $S_{n-1} = 0.007$，这批导线的电阻的标准差比起规定的电阻的标准差来是否显著地偏大 $(\alpha = 0.05)$？

2. 某冶金实验室对锰的熔化点做了四次试验，结果分别为：

$$1\,269℃，1\,271℃，1\,263℃，1\,265℃.$$

设数据服从正态分布 $N(\mu, \sigma^2)$，以显著性水平 $\alpha=5\%$ 作如下检验.

(1) 这些结果是否符合公布的数字 1 260℃？

(2) 测定值的标准差是否不超过 2℃？

3. 从某品牌的油漆中随机抽取 9 个样品，测得油漆的干燥时间(单位：h)为：6.5，5.8，7.2，6.6，6.8，6.3，5.6，6.1，4.9. 假设油漆的干燥时间 $\xi \sim N(\mu, \sigma^2)$，这里 μ，σ^2 未知. 由样本观测数据算得样本均值为 6.2，样本标准差为 0.692 8，厂家号称平均干燥时间 $\mu=5.5$ h，且产品质量稳定，干燥时间的误差 σ 不超过 0.5 h. 试根据抽样数据，在显著性水平 $\alpha=0.05$ 下分别对厂家的上述两个论断做假设检验.

4*. 从某锌矿的东、西两支矿脉中，各抽取样本容量分别为 9 和 8 的样本进行测试，样本含锌平均值及样本方差如下.

东支：　　$\bar{x} = 0.230$，$S_x^2 = 0.1337$；

西支：　　$\bar{y} = 0.269$，$S_y^2 = 0.1736$.

若东、西两支矿脉的含锌量都服从正态分布且方差相同，

(1) 显著性水平 $\alpha = 0.05$ 下，是否可以认为东西两支矿脉含锌量的平均值一样？

(2) 显著性水平 $\alpha = 0.1$ 下，可否认为西矿含锌量比东矿含锌量高？

第二十四次作业

一、选择题

1. 假设一个(一元或多元)线性回归问题的总离差平方和 $SST=100$，残差平方和 $SSE=19$，则错误的选项是(　　).

(A) 回归平方和 $SSR=81$；　　(B) 可决系数 R^2 为 0.81；

(C) 样本相关系数 R 为 0.9；　　(D) 样本相关系数 R 为 0.9 或 −0.9.

2. 假设根据样本数据求得变元 X 与 Y 的样本相关系数 $R=-0.9$，则变元 X 与 Y 可能的回归方程是(　　).

(A) $Y=1+2X$；　　(B) $Y=1-2X$；

(C) $Y=-1+2X$；　　(D) $Y=-0.9+0.9X$.

3. 回归分析的前提是(　　).

(A) 正态性；　　(B) 独立性；

(C) 方差齐性；　　(D) 以上选项全是.

二、填空题

1. 一元线性回归的模型为________________；根据 n 组样本数据 (x_i, y_i) 求回归模型中参数的极大似然估计(也是最小二乘估计)的公式为________________________；求变元 X 与 Y 的样本相关系数的公式 $R=$________，R^2 称为________；若残差平方和 $SSE=0$，则可决系数 $R^2=$________.

2. 在 EXCEL 中对回归方程进行检验，当检验的 p 值________给定的显著性水平时，说明变元的线性相关关系显著(回归方程有意义).

3. 线性回归的离差分解公式为：________________.

4. 如下为对变元 X 与 Y 样本数据的 EXCEL 回归分析的结果：

SUMMARY OUTPUT

回归统计	
Multiple R	0.9584
R Square	0.9185
Adjusted R Square	0.8913
标准误差	1
观测值	5

方差分析

	df	SS	MS	F	Significance F
回归分析	1	33.8	33.8	33.8	0.010131424
残差	3	3	1		
总计	4	36.8			

	Coefficients	标准误差	t Stat	P-value	Lower 95%	Upper 95%
Intercept	1.25	0.901388	1.38675	0.2596	−1.618618333	4.118618
X Variable	1.625	0.279508	5.81378	0.01013	0.735479216	2.514521

(1) 这个回归分析的前提是________________，其中误差项满足：________，________，________；

(2) 变元 X 与 Y 的样本相关系数是________，可决系数是________；

(3) 变元 X 与 Y 的回归方程是________，回归的残差平方和是________；

(4) 在显著性水平 0.05 情况下，变元 X 与 Y 的线性相关关系是否显著________；

(5) 根据分析结果，当 $X=0$ 时，预测变元 Y 的点估计为____________；

(6) 回归方程中变元 X 系数的置信水平为 95%的置信区间是__________.

三、计算题

1. 某公司营销人员对公司 6 个月来每月广告费用(记为 x，单位：万元)和销售额(记为 y，单位：万元)做了统计，得到如下数据：

广告费用(x)	1	2	3	4	5	6
销售额(y)	3	6	9	15	20	25

经计算得 $\sum x_i=21$，$\sum x_i^2=91$，$\sum y_i=78$，$\sum y_i^2=1\,376$，$\sum x_i y_i=352$.

(1) 计算销售额(y)与广告费用(x)的相关系数；

(2) 求销售额对广告费用的直线回归方程；

(3) 若下月计划广告费支出 10 万元，试预测相应的销售额.

2. 为了研究钢线含碳量(单位：%)x 对于电阻 Y 在 20℃下的影响，做了 7 次试验，得到数据如下：

钢线含碳量 x	0.10	0.30	0.40	0.55	0.70	0.80	0.95
电阻 y	15	18	19	21	22.6	23.8	26

(1) 画出散点图；

(2) 求电阻关于钢线含碳量的直线回归方程；

(3) 进行线性回归的显著性检验($\alpha = 0.01$).

3. 对某种产品的表面腐蚀深度 y(单位：μm)与腐蚀时间 t(单位：s)的 12 次调查，根据测得结果计算：

$$\sum t_i = 660;\ \sum y_i = 264;\ \sum t_i^2 = 59\,250;\ \sum y_i^2 = 8\,256;\ \sum t_i y_i = 21\,935.$$

(1) 求腐蚀深度与腐蚀时间的样本相关系数；

(2) 求线性回归方程 $\hat{y} = \hat{\beta}_0 + \hat{\beta}_1 t$.

自　测　题

华东理工大学概率统计教研室　编

華東理工大學出版社
EAST CHINA UNIVERSITY OF SCIENCE AND TECHNOLOGY PRESS
·上海·

自 测 题 一

一、填空题

1. 检查两件产品，记事件 A=“至少有一件为不合格品”，B=“两件产品检查结果不同”，则事件 A 与 B 间的关系为________.

2. 一个工厂生产了 n 台微波炉，以事件 A_i 表示生产的第 i 台微波炉是正品 $(1\leqslant i\leqslant n)$. 用 $A_i(1\leqslant i\leqslant n)$ 表示下列事件：

(1) 没有一台微波炉是次品________；

(2) 仅有一台微波炉是次品________；

(3) 至少有一台微波炉是次品________；

(4) 至少有两台微波炉不是次品________.

3. 考虑一元二次方程 $x^2+Bx+C=0$，其中 B，C 分别是将一颗骰子接连掷两次先后出现的点数，则该方程有重根的概率为________.

4. 一袋中有 2 个黑球和若干个白球，现有放回地摸球 4 次，若至少摸到一个白球的概率是$\dfrac{80}{81}$，则袋中白球的个数是________.

二、选择题

1. 对于任意两事件 A 和 B，与 $A\cup B=B$ 不等价的是(　　).

(A) $A\subset B$；　(B) $\bar{B}\subset\bar{A}$；　(C) $A\bar{B}=\varnothing$；　(D) $\bar{A}B=\varnothing$.

2. 下列事件中，$A-\bar{B}$ 不能表示为(　　).

(A) $A-B$；　(B) $A\cap B$；

(C) $A\cap B\cap(A\cup B)$；　(D) $((A\cap B)\cup A)-(A\cap\bar{B})$.

3. 抛掷 3 枚均匀对称的硬币，恰好有两枚正面向上的概率是(　　).

(A) 0.125；　(B) 0.25；　(C) 0.375；　(D) 0.5.

4. 某人连续向一目标射击，每次命中目标的概率为 3/4，他连续射击直到命中为止，则射击次数为 3 的概率是(　　).

(A) $\left(\dfrac{3}{4}\right)^3$；　(B) $\left(\dfrac{3}{4}\right)^2\times\dfrac{1}{4}$；　(C) $\left(\dfrac{1}{4}\right)^2\times\dfrac{3}{4}$；　(D) $C_4^2\left(\dfrac{1}{4}\right)^2$.

5. 玩具室里有 20 个篮球、20 个排球、10 个足球，小朋友们排队依次从中拿一个，轮到小明时，里面只剩下 30 个球，问小明能取到足球的概率为(　　).

(A) $\dfrac{3}{25}$；　(B) $\dfrac{1}{3}$；　(C) $\dfrac{1}{5}$；　(D) $\dfrac{1}{15}$.

三、计算题

1. 请叙述下列事件的对立事件：

(1) A=“掷两枚硬币，皆为正面”；

(2) B=“射击三次，皆命中目标”；

(3) C=“加工四个零件，至少有一个合格品”.

2. 指出下列各式成立的条件(用 A 与 B 的关系表示)：

(1) $AB = A$；

(2) $(A \cup B) - A = B$.

3. 指出下列命题中哪些成立,哪些不成立.

(1) $A \cup B = (A\bar{B}) \cup B$；

(2) $\bar{A}\,B = A \cup B$；

(3) $(\overline{A \cup B}) \cap C = \bar{A}\,\bar{B}\bar{C}$；

(4) $(AB)(A\bar{B}) = \varnothing$；

(5) 若 $A \subset B$,则 $A = AB$；

(6) 若 $AB = \varnothing$,且 $C \subset A$,则 $BC = \varnothing$；

(7) 若 $A \subset B$,则 $\bar{B} \subset \bar{A}$；

(8) 若 $B \subset A$,则 $A \cup B = A$.

4. n 张奖券中有 m 张有奖的,k 个人购买,每人一张,求其中至少有一人中奖的概率($k \leqslant n-m$).

5. 罐中有 12 颗围棋子,其中 8 颗白子 4 颗黑子,若从中任取 3 颗,求：

(1) 取到的都是白子的概率；

(2) 取到两颗白子,一颗黑子的概率；

(3) 取到三颗棋子中至少有一颗黑子的概率；

(4) 取到三颗棋子颜色相同的概率.

6. 在一张印有方格的纸上投一枚直径为 1 的硬币,试问方格边长 a 要多大才能使硬币与边线不相交的概率小于 1%.

自 测 题 二

一、填空题

1. 某学生接连参加同一课程的两次考试，第一次及格的概率为 0.8，若第一次及格则第二次及格的概率为 0.9，若第一次不及格则第二次及格的概率为 0.3. 若至少有一次及格则他通过考试，则他通过考试的概率为________.

2. 设随机事件 A、B 及其和事件的概率分别是 0.4、0.3、0.6. 若 $\bar{B}$ 表示 B 的对立事件，那么 $P(A\bar{B})=$ ________.

3. 掷两颗骰子，已知两颗骰子点数之和是 5，则其中有一颗是 1 点的概率是________.

4. 已知事件 A 与 B 相互独立，$P(A)=0.4$，$P(A\cup B)=0.7$，则概率 $P(\bar{B}\mid A)$ 为________.

二、选择题

1. 设 A、B 是任意两个互不相容的事件，且 $P(A)P(B)>0$，则必有(　　).

(A) $\bar{A}$ 与 $\bar{B}$ 互不相容；　(B) $\bar{A}$ 与 $\bar{B}$ 相容；

(C) $P(A\bar{B})=P(\bar{B})$；　(D) $P(A+\bar{B})=P(\bar{B})$.

2. 若事件 A_1, A_2, A_3 两两独立，则下列结论成立的是(　　).

(A) A_1, A_2, A_3 相互独立；　(B) $\bar{A}_1$, $\bar{A}_2$, $\bar{A}_3$ 两两独立；

(C) $P(A_1A_2A_3)=P(A_1)P(A_2)P(A_3)$；　(D) $\bar{A}_1$, $\bar{A}_2$, $\bar{A}_3$ 相互独立.

3. 已知 A, B 两个事件满足条件 $A\cap B=\bar{A}\cap\bar{B}$，且 $P(A)=p$，则 $P(B)=$(　　).

(A) p；　(B) $1-p$；　(C) $1-p^2$；　(D) $p(1-p)$.

4. 设 A, B 是随机事件，满足 $P(A)>0$, $P(B)>0$, $P(A\mid B)+P(\bar{A}\mid\bar{B})=1$，则必有(　　).

(A) A 与 B 互不相容；　(B) A 与 B 相互对立；

(C) A 与 B 相互独立；　(D) A 与 B 不相互独立.

三、计算题

1. 设 A, B 是两事件且 $P(A)=0.6$, $P(B)=0.7$，问：

(1) 在什么条件下 $P(AB)$ 取到最大值，最大值是多少？

(2) 在什么条件下 $P(AB)$ 取到最小值，最小值是多少？

2. 分别求下列系统(1)、(2)(如图所示)的可靠度，假设元件 i 的可靠度为 p_i，各元件正常工作或失效相互独立.

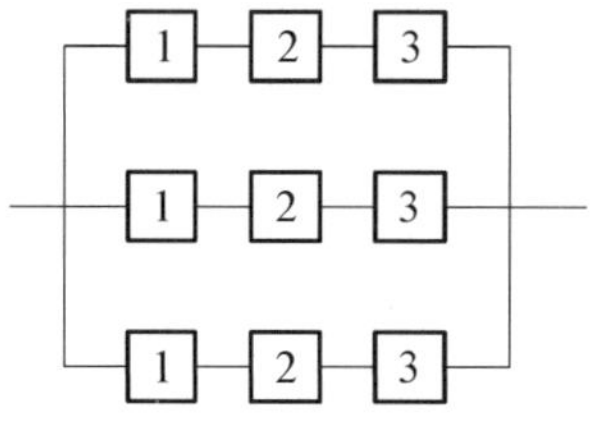

(1)

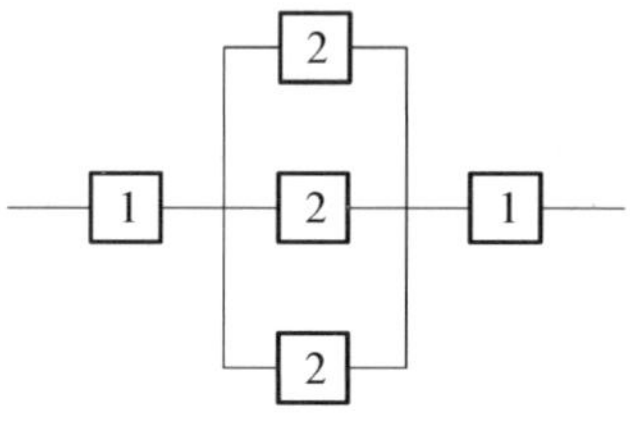

(2)

3. 某保险盒内装有甲、乙两根保险丝. 根据以往的经验，当电流超过额定值 10%时，甲、乙保险丝被熔断的概率分别是 0.7、0.6，而两根保险丝同时被熔断的概率为 0.5. 试求至少有一根保险丝被熔断的概率.

4. 口袋中有 1 个白球和 1 个黑球，从中任取 1 个，若取出白球，则试验停止，若取出黑球，则把取出的黑球放回的同时，再加入 1 个黑球，如此下去，直到取出的是白球为止，试求下列事件的概率：

(1) 取到第 n 次，试验没有结束；

(2) 取到第 n 次，试验恰好结束.

5. 某工厂的车床、钻床、磨床、刨床的台数之比为 9∶3∶2∶1，它们在一定时间内需要修理的概率之比为 1∶2∶3∶1，当一台机床需要修理时，求这台机床是车床的概率.

6. 按以往概率论考试结果分析，努力学习的学生有 90%的可能考试及格，不努力学习的学生有 90%的可能考试不及格. 据调查，学生中有 80%的人是努力学习的，试问：

(1) 考试及格的学生有多大可能是不努力学习的人？

(2) 考试不及格的学生有多大可能是努力学习的人？

自 测 题 三

一、填空题

1. 设随机变量的密度函数是

$$f(x)=\begin{cases}3x^2, & a\leqslant x<1;\\ 0, & 其他.\end{cases}$$

则常数 $a=$ ________；$P(X<0.5)=$ ________.

2. 设随机变量 X 的分布律为 $P\{X=k\}=\dfrac{a}{3^k}$，$k=1,2,\cdots$；则常数 $a=$ ________；$P\{X\geqslant 3\}=$ ________.

3. 设总体 X 服从 $N(5,3^2)$，且常数 c 满足 $P\{X>c\}=P\{X<c\}$，则 $c=$ ________.

4. 设随机变量 X 和 Y 相互独立，其分布律分别为

X	-1	0	1
P	$\frac{1}{3}$	$\frac{1}{4}$	$\frac{5}{12}$

，

Y	-1	0
P	$\frac{1}{4}$	$\frac{3}{4}$

；则 $P\{X+Y=0\}=$ ________.

二、选择题

1. 下列函数中，可作为某一随机变量的分布函数是（　　）.

(A) $F(x)=\dfrac{1}{2}+\dfrac{1}{\pi}\arctan x$；

(B) $F(x)=\begin{cases}\dfrac{1}{2}(1-e^{-x}), & x>0;\\ 0, & x\leqslant 0;\end{cases}$

(C) $F(x)=1+\dfrac{1}{x^2}$；

(D) $F(x)=\int_{-\infty}^{x}f(t)\mathrm{d}t$，其中 $\int_{-\infty}^{+\infty}f(t)\mathrm{d}t=1$.

2. 设随机变量 X 的密度函数 $p(x)=\dfrac{k}{1+x^2}$ $(-\infty<x<+\infty)$，则 k 的值是（　　）.

(A) $\dfrac{1}{\pi}$；　　(B) $\dfrac{2}{\pi}$；　　(C) $\dfrac{1}{\sqrt{\pi}}$；　　(D) $\dfrac{2}{\sqrt{\pi}}$.

3. 设离散型随机变量 X 的分布律为

X	0	1	2
P	0.3	0.5	0.2

则 $F(3)=$（　　）.

(A) 0；　　(B) 0.3；　　(C) 0.8；　　(D) 1.

4. 设随机变量 X 的概率密度为

$$p(x)=\begin{cases}4Kx, & 1<x<2;\\ 0, & \text{其他};\end{cases}\text{ 则 } K=(\quad).$$

(A) $\frac{5}{16}$；　(B) $\frac{1}{2}$；　(C) $\frac{3}{4}$；　(D) $\frac{1}{6}$.

三、计算题

1. 设随机变量 X 的概率密度函数为

$$f(x)=\begin{cases}2e^{-2x}, & x>0;\\ 0, & x\leqslant 0;\end{cases}$$

求 $Y=e^{-X}$ 的数学期望和方差.

2. 设某种元件的寿命 X(单位：h)的概率密度函数为

$$f(x)=\begin{cases}\frac{10}{x^2}, & x\geqslant 10;\\ 0, & x<10;\end{cases}$$

求 5 个元件在使用 15 h 后，恰有 2 个失效的概率.

3. 设袋中有 8 个球，其中 5 个红的、3 个白的. 每次从中任取一个，用下述两种方法分别进行抽取，X 表示直到取得红球为止所进行的抽取次数，求 X 的概率分布.

(1) 不放回地抽取；

(2) 有放回地抽取.

4. 设随机变量 X 的概率密度为

$$f(x)=\begin{cases}ax+\frac{1}{2}, & 0<x<1;\\ 0, & \text{其他}.\end{cases}$$

求：(1) 系数 a；(2) X 的分布函数 $F(x)$；(3) $P\{X\leqslant 0.5\}$；$P\{X=0.5\}$.

5. 设连续随机变量 X 的概率密度为

$$f(x)=\frac{2A}{1+x^2},\ -\infty<x<+\infty.$$

求：(1) 系数 A；(2) $P(0<X<1)$；(3) X 的分布函数 $F(x)$.

自 测 题 四

一、填空题

1. 随机变量 X 的密度函数为 $f(x)=\begin{cases}\frac{1}{2}e^{-\frac{x}{2}}, & x>0;\\ 0, & x\leqslant 0;\end{cases}$ 则 $E(X)=$ ________，$D(X)=$ ________.

2. 若 $X\sim N(3,5)$，$Y\sim N(4,6)$，且 X，Y 相互独立，$Z=2X-3Y$，则 $E(Z)=$ ________，$D(Z)=$ ________.

3. 设随机变量 X 服从正态分布，且 X 的数学期望为 3，若常数 C 使得 $P\{X\leqslant C\}=P\{X>C\}$，则 $C=$ ________.

4. 随机变量 X 的密度函数为 $f(x)=\begin{cases}2e^{-2x}, & x>0;\\ 0, & x\leqslant 0;\end{cases}$ 则 $E(X)=$ ________，$D(X)=$ ________.

二、选择题

1. 设三次独立试验中，事件 A 出现的概率均为 $\frac{1}{5}$，则事件 A 至少出现两次的概率为(　　).

(A) $\frac{112}{125}$；　(B) $\frac{13}{125}$；　(C) $\frac{12}{125}$；　(D) $\frac{1}{125}$.

2. 设随机变量 ξ 的分布函数为

$$F(x)=\begin{cases}0, & x<a;\\ x^2+c, & a\leqslant x<b;\\ 1, & x\geqslant b.\end{cases}$$

且已知 $P\left\{\xi\leqslant\frac{1}{2}\right\}=\frac{1}{4}$，则 a，b，c 的取值分别为(　　).

(A) $a=0$，$b=1$，$c=0$；

(B) $a=0$，$b=2$，$c=-4$；

(C) $a=1$，$b=2$，$c=-3$；

(D) $a=0$，$b=2$，$c=0$.

3. 设随机变量 X 服从正态分布 $N(3,2^2)$，$\Phi(x)$ 是标准正态分布的分布函数，则概率 $P(-1<X<7)=$(　　).

(A) $1-2\Phi(2)$；　(B) $2\Phi(2)-1$；

(C) $\Phi(7)-\Phi(-1)$；　(D) $\Phi(7)-\Phi(1)$.

4. 设随机变量 $\xi\sim N(\mu,\sigma^2)$，则随 σ 增大，$P\{|\xi-\mu|<1\}=$(　　).

(A) 保持不变；　(B) 单调增加；

(C) 单调减少；　(D) 增减不定.

三、计算题

1. 已知随机变量 X 的概率分布表如下：

X	-1	1	2
P	$\frac{1}{6}$	$\frac{2}{6}$	$\frac{3}{6}$

求：(1) 随机变量 X 的分布函数 $F(x)$；

(2) $P\left(1<X\leqslant\frac{3}{2}\right)$；

(3) $E(X)$.

2. 设连续型随机变量 X 的概率密度为：

$$f(x)=\begin{cases}k\cos x, & -\frac{\pi}{2}<x<\frac{\pi}{2};\\ 0, & \text{其他}.\end{cases}$$

求：(1) 系数 k；(2) X 落在区间 $\left(0,\frac{\pi}{4}\right)$ 内的概率；(3) X 的分布函数.

3. 设随机变量 X 的概率分布为 $P\{X=n\}=\frac{1}{2^n}$，$n=1,2,3,\cdots$. 求 $Y=\sin\left(\frac{\pi}{2}X\right)$ 的数学期望及方差.

4. 设 ξ 是非负连续随机变量，且 $E\xi$ 存在，对任意 $\alpha>0$，试证：$P(\xi<\alpha)\geqslant 1-\frac{E\xi}{\alpha}$.

自 测 题 五

一、填空题

1. 若 $\varphi(x)$, $\Phi(x)$ 分别表示标准正态分布的概率密度函数、分布函数，则 $\varphi(0)=$ ________ , $\Phi(0)=$ ________ , $P\{X=0\}=$ ________ , $P\{X<0\}=$ ________ , $P\{X>0\}=$ ________ .

2. 设随机变量 X 服从参数为 λ 的泊松分布，且 $P(X=3)=2P(X=4)$，则 $\lambda=$ ________ .

3. 设随机变量 X 与 Y 独立同分布，它们取 -1、1 两个值的概率分别为 $\frac{1}{2}$、$\frac{1}{2}$，则 $P(X=Y)=$ ________ .

4. 已知随机变量 $X\sim B(n,\ p)$，且 $E(X)=3.6$，$D(X)=1.44$，则二项分布的参数为 $n=$ ________ , $p=$ ________ .

二、选择题

1. 某人射击三次，其命中率为 0.8，则三次中一次都未命中的概率为(　　).

(A) 0.008;　　(B) 0.04;　　(C) 0.08;　　(D) 0.104.

2. 设 $F_1(x)$, $F_2(x)$ 分别为随机变量 X_1, X_2 的分布函数，为使 $F(x)=aF_1(x)-bF_2(x)$ 是某一随机变量的分布函数，在下列的各组数值中应取(　　).

(A) $a=\frac{3}{5},\ b=-\frac{2}{5}$;　　(B) $a=\frac{2}{3},\ b=\frac{2}{3}$;

(C) $a=-\frac{1}{2},\ b=\frac{3}{2}$;　　(D) $a=\frac{1}{2},\ b=-\frac{3}{2}$.

3. 设随机变量 X 与 Y 的方差存在且不等于 0，则 $D(X+Y)=D(X)+D(Y)$ 是 X 与 Y 的(　　).

(A) 不相关的充分条件，但不是必要条件;

(B) 独立的充分条件，但不是必要条件;

(C) 不相关的充分必要条件;

(D) 独立的充分必要条件.

4. 设 X_1, X_2, X_3 均服从[0, 2]上的均匀分布，则 $E(3X_1-X_2+2X_3)=$ (　　).

(A) 4;　　(B) 3;　　(C) 1;　　(D) 2.

三、计算题

1. 某产品的质量指标 $X\sim N(160,\ \sigma^2)$，若要求 $P\{120<X<200\}\geqslant 0.8$，允许 σ 最大为多少?

2. 已知随机变量 $X\sim N(1,\ 4)$，$Y\sim N(2,\ 9)$，且 X 与 Y 相互独立，设 $Z=3X+Y-5$，问随机变量 Z 服从什么分布?(要求给出具体的参数)

3. 设 K 在区间(0, 8)内服从均匀分布，求 x 的方程 $x^2+Kx+K+3=0$ 有实根的概率.

4. 设 $X\sim N(\mu,\ 4^2)$，$Y\sim N(\mu,\ 5^2)$，$p_1=P\{X\leqslant\mu-4\}$，$p_2=P\{Y\geqslant\mu+5\}$. 证明：对任意实数 μ，有 $p_1=p_2$ 成立.

自 测 题 六

一、填空题

1. 随机变量(X, Y)在由 $y=1/x$, $y=0$, $x=1$ 和 $x=e^2$ 所形成的区域 D 上服从均匀分布,则(X, Y)关于 X 的边缘密度在 $x=2$ 处的值为________.

2. 设随机变量 X, Y 相互独立且都服从区间$[0, 1]$上的均匀分布,则 $P(X+Y\leqslant 1/2)=$ ________.

3. 设随机变量 $X_1, X_2, \cdots, X_n$ 相互独立,且 $X_i \sim B(1, p)$, $0<p<1$, $i=1, 2, \cdots, n$; 则 $X=\sum_{i=1}^{n} X_i \sim$ ________.

4. 设二维离散型随机变量(X, Y)的分布列为

(X, Y)	$(1, 0)$	$(1, 1)$	$(2, 0)$	$(2, 1)$
P	0.4	0.2	a	b

若 $E(XY)=0.8$, $a=$ ________, $b=$ ________.

二、选择题

1. 设 $X\sim N(0, 1)$, $Y\sim N(1, 1)$, 且 X 与 Y 相互独立,则( ).

(A) $P(X+Y\leqslant 0)=\dfrac{1}{2}$; (B) $P(X+Y\leqslant 1)=\dfrac{1}{2}$;

(C) $P(X-Y\leqslant 0)=\dfrac{1}{2}$; (D) $P(X-Y\leqslant 1)=\dfrac{1}{2}$.

2. 设(X, Y)服从二维均匀分布,其联合密度函数为 $f(x, y)=\begin{cases} A, & 0<x<1, 0<y<x; \\ 0, & \text{其他}. \end{cases}$ 则常数 $A=$( ).

(A) $\dfrac{1}{2}$; (B) 1;

(C) 2; (D) 4.

3. 设 X_1, X_2, X_3 相互独立,且均服从参数为 λ 的泊松分布,令 $Y=\dfrac{1}{3}(X_1+X_2+X_3)$, 则 Y^2 的数学期望为( ).

(A) $\dfrac{1}{3}\lambda$; (B) λ^2;

(C) $\dfrac{1}{3}\lambda+\lambda^2$; (D) $\dfrac{1}{3}\lambda^2+\lambda$.

4. 若随机变量 X, Y 满足 $D(X+Y)=D(X-Y)$, 且 $DXDY>0$, 则必有( ).

(A) X, Y 独立; (B) X, Y 不相关;

(C) $DY=0$; (D) $D(XY)=0$.

三、计算题

1. 设随机变量 X_1，X_2，X_3 相互独立，且有相同的概率分布 $P(X_i=1)=p$，$P(X_i=0)=q$，$i=1, 2, 3$，$p+q=1$，记

$$Y_1=\begin{cases}0, & \text{当 } X_1+X_2 \text{ 取偶数;}\\ 1, & \text{当 } X_1+X_2 \text{ 取奇数.}\end{cases}$$

$$Y_2=\begin{cases}0, & \text{当 } X_2+X_3 \text{ 取偶数;}\\ 1, & \text{当 } X_2+X_3 \text{ 取奇数.}\end{cases}$$

求 $Z=Y_1Y_2$ 的概率分布.

2. 设(X, Y)的概率密度为

$$f(x, y)=\begin{cases}e^{-x}, & 0<y<x;\\ 0, & \text{其他.}\end{cases}$$

求：(1) 边缘概率密度 $f_X(x)$，$f_Y(y)$；(2) $P(X+Y<1)$.

3. 设二维随机变量(X, Y)的联合概率密度为

$$f(x, y)=\begin{cases}e^{-y}, & 0<x<y;\\ 0, & \text{其他.}\end{cases}$$

试求：$P(X\geqslant 1 \mid Y=y)$.

4. 设随机向量(X, Y)的概率密度为

$$f(x, y)=\begin{cases}Ae^{-(x+2y)}, & x>0, y>0;\\ 0, & \text{其他.}\end{cases}$$

求：(1) 常数 A；

(2) 关于 X、Y 的边缘概率密度，并判断 X 与 Y 是否相互独立.

自 测 题 七

一、填空题

1. 设 $X\sim N(10,\ 0.6)$，$Y\sim N(1,\ 2)$，且 X 与 Y 相互独立，则 $D(3X-Y)=$ ________.

2. 设 $E(X)=1$，$E(Y)=2$，$D(X)=1$，$D(Y)=4$，$\rho_{XY}=0.6$，设 $Z=(2X-Y)^2$，则其数学期望 $E(Z)=$ ______.

3. 设 ξ、η 是两个相互独立且均服从正态分布 $N\left(0,\ \dfrac{1}{2}\right)$ 的随机变量，则 $E(|\xi-\eta|)=$ ________.

4. 设随机变量 $X_1,\ X_2,\ \cdots,\ X_{100}$ 独立同分布，且 $EX_i=0$，$DX_i=10$，$i=1,\ 2,\ \cdots,\ 100$. 令 $\bar{X}=\dfrac{1}{100}\sum\limits_{i=1}^{100}X_i$，则 $E\left\{\sum\limits_{i=1}^{100}(X_i-\bar{X})^2\right\}=$ ________.

5. 设 $(X,\ Y)\sim N(\mu_1,\ \mu_2,\ \sigma_1^2,\ \sigma_2^2,\ 0)$，则 $X-Y$ 的分布为________.

二、选择题

1. 设 $X\sim N(2,\ 1)$，$Y\sim N(-1,\ 1)$，且 X，Y 独立，记 $Z=3X-2Y-6$，则 $Z\sim$(　　).

(A) $N(2,\ 1)$；　(B) $N(1,\ 1)$；　(C) $N(2,\ 13)$；　(D) $N(1,\ 5)$.

2. 设 X，Y 是两个随机变量，且 $DX=1$，$DY=1/4$，$\rho_{XY}=1/3$，则 $D(X-3Y)=$(　　).

(A) $\dfrac{9}{4}$；　(B) $\dfrac{7}{4}$；　(C) 2；　(D) $\dfrac{5}{4}$.

3. 设 $X\sim N(2,\ 9)$，$Y\sim N(2,\ 1)$，$E(XY)=6$，则 $D(X-Y)$ 之值为(　　).

(A) 14；　(B) 6；　(C) 12；　(D) 4.

三、计算题

1. 袋中有 1 个红球、1 个黑球与 3 个白球. 现无放回地从袋中取球两次，每次取一个球，以 X，Y 分别表示两次取球所取得的红球、黑球的个数.

求：(1) 二维随机向量$(X,\ Y)$的联合分布律；

(2) 关于 X，Y 的边缘分布律；

(3) EX，EY，DX，DY，EXY，ρ_{XY}.

2. (1) 设 $X\sim U[0,\ 1]$，$Y\sim U[0,\ 1]$，且 X 与 Y 独立，求 $E|X-Y|$；

(2) 设 $X\sim N(0,\ 1)$，$Y\sim N(0,\ 1)$，且 X 与 Y 独立，求 $E|X-Y|$.

3. 设随机变量 $X\sim U[-2,\ 2]$，记

$$Y_1=\begin{cases}1, & X>0;\\ 0, & X\leqslant 0;\end{cases}\quad Y_2=\begin{cases}1, & X>1;\\ 0, & X\leqslant 1.\end{cases}$$

求：(1)$(Y_1,\ Y_2)$的联合分布律；(2) 边缘分布律；(3) $\mathrm{Cov}(Y_1,\ Y_2)$.

4. 设 $EX=1$，$EY=2$，$DX=1$，$DY=4$，$\rho_{XY}=0.6$，求：$E(2X-Y+1)^2$.

自测题八

一、填空题

1. 设随机变量 ξ 的概率分布律为

ξ	-1	0	1	2
P	0.3	0.4	0.15	0.15

则 $\eta=(\xi-1)^2$ 的分布律为________.

2. 已知 $\xi\sim N(0,1)$，$\eta=\xi^{\frac{1}{3}}$，则 η 的概率密度为 $\varphi_\eta(y)=$________.

3. 设随机变量 ξ 和 η 相互独立，且 $\xi\sim N(2,1)$，$\eta\sim N(1,2)$，则 $\xi-2\eta$ 的密度函数 $p(z)=$________.

4. 设随机变量 ξ 和 η 相互独立，其分布函数分别为 $F_\xi(x)$ 与 $F_\eta(y)$，则 $\zeta=\min(\xi,\eta)$ 的分布函数 $F_\zeta(z)=$________.

二、选择题

1. 设随机变量 ξ 的密度函数为 $p(x)$，则 $\eta=3\xi-1$ 的分布函数 $F(y)$ 为(　　).

(A) $F\left(\frac{y+1}{3}\right)$；　(B) $\frac{1}{3}F\left(\frac{y+1}{3}\right)$；　(C) $3F\left(\frac{y+1}{3}\right)$；　(D) $F\left(\frac{y-1}{3}\right)$.

2. 设随机变量 ξ 和 η 相互独立，且 $\xi\sim B(3,0.3)$，$\eta\sim B(3,0.3)$，则 $\xi+\eta$ 服从(　　).

(A) $B(3,0.3)$；　(B) $B(3,0.6)$；　(C) $B(6,0.3)$；　(D) $B(6,0.6)$.

3. 设随机变量 ξ 和 η 独立同分布，均服从标准正态分布，则下列(　　)不成立.

(A) $P\{\xi+\eta>0\}=0.5$；　(B) $1-P\{\xi+\eta=0\}=0.5$；

(C) $E(\xi+\eta)=0$；　(D) $D(\xi+\eta)=2$.

4. 设随机变量 ξ 和 η 独立同分布，其密度函数均为

$$p(x)=\begin{cases}2x, & 0\leqslant x<1;\\ 0, & \text{其他}.\end{cases}$$

则 $\zeta=\max(\xi,\eta)$ 的密度函数 $p(z)$ 等于(　　).

(A) $p(z)=\begin{cases}z^4, & 0\leqslant z<1;\\ 0, & \text{其他};\end{cases}$　(B) $p(z)=\begin{cases}4z^3, & 0\leqslant z<1;\\ 0, & \text{其他};\end{cases}$

(C) $p(z)=\begin{cases}1-(1-z^2)^2, & 0\leqslant z<1;\\ 0, & \text{其他};\end{cases}$　(D) $p(z)=\begin{cases}4z(1-z^2), & 0\leqslant z<1;\\ 0, & \text{其他}.\end{cases}$

三、计算题

1. 已知随机变量 $\xi\sim U(0,\pi)$，求 $\eta=\cos\xi$ 的概率密度.

2. 已知随机变量 $\xi\sim N(1,1)$，求 $\eta=(\xi-1)^2$ 的概率密度.

3. 已知随机变量(ξ, η)的联合概率分布为

ξ \ η	-1	0	1
-1	$\frac{1}{8}$	0	$\frac{1}{8}$
0	0	$\frac{1}{2}$	0
1	$\frac{1}{8}$	0	$\frac{1}{8}$

求：(1) $U = \xi + \eta$ 的概率分布；

(2) $V = \xi^2 + \eta^2$ 的概率分布；

(3) $\zeta = \max(\xi, \eta)$ 的概率分布.

4. 设随机变量(ξ, η)的联合概率密度函数为

$$p(x, y) = \begin{cases} 3x, & 0 < y < x < 1; \\ 0, & \text{其他}. \end{cases}$$

求 $\xi + \eta$ 的概率密度函数.

5. 设随机变量(ξ, η)的联合概率密度函数为

$$p(x, y) = \begin{cases} 1, & 0 < x < 2,\ 0 < y < 1 - \dfrac{x}{2}; \\ 0, & \text{其他}. \end{cases}$$

求 $\zeta = \xi + 2\eta$ 的概率密度函数.

6. 设随机变量 $\xi_1, \xi_2, \xi_3, \xi_4$ 独立同分布，均服从瑞利分布，其概率密度函数为

$$p(x) = \begin{cases} x e^{-\frac{x^2}{2}}, & x \geqslant 0; \\ 0, & \text{其他}. \end{cases}$$

求 $\zeta = \min\{\xi_1, \xi_2, \xi_3, \xi_4\}$ 的概率密度.

自 测 题 九

一、填空题

1. 做加法时，对每个加数四舍五入取整，各个加数的取整误差可以认为是相互独立的，都服从$(-0.5, 0.5)$上的均匀分布. 现在有 400 个数相加，问取整误差总和的绝对值不超过 20 的概率为________.

2. $X_1, \cdots, X_n$ 是来自正态总体 $N(\mu, \sigma^2)$ 的简单随机样本，现给出 5 个随机样本的函数：

(A) $\dfrac{\bar{X}-\mu}{S_{n-1}}\sqrt{n}$；　　(B) $\dfrac{(n-1)S_{n-1}^2}{\sigma^2}$；

(C) $\max\{X_1, \cdots, X_n\}$；　　(D) $X_n-\mu$；

(E) $\dfrac{1}{n-1}\sum\limits_{i=1}^{n}(X_i-\bar{X})^2$；

其中 $\bar{X}$ 为样本均值.

(1) 若 μ 已知，σ^2 未知，上述函数中________不是统计量；

(2) 若 σ^2 已知，μ 未知，上述函数中____________不是统计量.

3. 设总体 $X \sim N(\mu, \sigma^2)$，$X_1, X_2, \cdots, X_n (n \geqslant 1)$ 是 X 的一个样本，$\bar{X}$，S^2 为其样本均值和样本方差，则 $E[(\bar{X}S^2)]^2=$________.

4. 设随机变量 $X \sim N(0, 1)$，$X_1, X_2, \cdots, X_9$ 是取自总体 X 的简单随机样本，已知统计量 $F=a\dfrac{X_1^2+X_2^2+X_3^2}{X_4^2+X_5^2+X_6^2+X_7^2+X_8^2+X_9^2} \sim F(b, 6)$，则 $a=$________，$b=$______.

二、选择题

1. 设 X_1, X_2, X_3, X_4 为来自总体 $N(1, \sigma^2)\ (\sigma>0)$ 的简单随机样本，则统计量 $\dfrac{X_1-X_2}{|X_3+X_4-2|}$ 的分布为(　　).

(A) $N(0, 1)$；　(B) $t(1)$；　(C) $\chi^2(1)$；　(D) $F(1, 1)$.

2. 设随机变量 $X \sim t(n)$，$(n>1)$；$Y=\dfrac{1}{X^2}$. 则有(　　)成立.

(A) $Y \sim \chi^2(n)$；　　(B) $Y \sim \chi^2(n-1)$；

(C) $Y \sim F(1, n)$；　　(D) $Y \sim F(n, 1)$.

3. 设总体 $X \sim N(\mu, \sigma^2)$，$\bar{X}_1$，$\bar{X}_2$ 分别为该总体容量为 10 和 15 的两个样本均值，记 $p_1=P\{|\bar{X}_1-\mu|>\sigma\}$，$p_2=P\{|\bar{X}_2-\mu|>\sigma\}$，则下列关系正确的是(　　).

(A) $p_1<p_2$；　　(B) $p_1=p_2$；

(C) $p_1>p_2$；　　(D) $p_1=\mu$，$p_2=\sigma$.

4. $X_1, X_2, \cdots, X_{25}$ 是取自正态总体 $X \sim N(1, \sigma^2)$ 的简单随机样本，已知 $Y=a\bar{X}+b \sim N(0, 1)$，则有(　　).

(A) $a=\frac{5}{\sigma}$, $b=\frac{5}{\sigma}$;　　(B) $a=\sigma$, $b=\sigma$;

(C) $a=-\frac{5}{\sigma}$, $b=\frac{5}{\sigma}$;　　(D) $a=-\sigma$, $b=\sigma$.

三、计算题

1. 设 ξ_1, ξ_2, $\cdots$, ξ_{20} 是相互独立的随机变量序列,具有相同的概率密度

$$\varphi(x)=\begin{cases}2x, & 0\leqslant x\leqslant 1;\\ 0, & \text{其他}.\end{cases}$$

令 $\eta=\xi_1+\xi_2+\cdots+\xi_{20}$,用中心极限定理求 $P\{\eta\leqslant 10\}$ 的近似值.

2. 某单位设置一台电话总机,共有 200 个分机,设每个分机在任一时刻要使用外线通话的概率为 5%,各个分机使用外线与否是相互独立的. 求该单位需要多少外线,才能以 90%的概率保证各个分机通话时有足够的外线可供使用?

3. 保险公司接受多种项目的保险,其中有一项是老年人寿保险,若一年中有 100 000 人参加这项保险,每人每年需付保险费 20 元,在此类保险者里,每个人死亡的概率是 0.002,死亡后家属立即向保险公司领得 8 000 元. 若不计保险公司支出的管理费,试求:

(1) 保险公司在此项保险中亏本的概率;

(2) 保险公司在此项保险中获益 80 000 元以上的概率.

4. 抽样检查产品质量时,如果发现次品不少于 10 个,则认为这批产品不能接受,应该检查多少个产品,可使次品率为 10%的一批产品不被接受的概率达到 0.9?

5. 设总体服从正态分布 $N(10,\ 10^2)$,从中抽取两个相互独立容量分别为 100 和 120 的样本,求他们的样本均值之差的绝对值小于 3 的概率.

6. $X\sim N(\mu,\ \sigma^2)$, $Y\sim N(\mu,\ \sigma^2)$, 均为简单随机样本,求:

$$E\left[\frac{\sum_{i=1}^{n_1}(X_i-\bar{X})^2+\sum_{j=1}^{n_2}(Y_i-\bar{Y})^2}{n_1+n_2-2}\right].$$

自 测 题 十

一、填空题

1. 设 $(X_1, X_2, \cdots, X_n)$ 是正态总体 $\xi \sim N(\mu, \sigma^2)$ 的样本，$\bar{X}$ 和 S_{n-1}^2 分别为样本均值和样本方差，则有 $P\left\{n\left(\frac{\bar{X}-\mu}{\sigma}\right)^2 > \chi_{0.95}^2(1)\right\} =$ ________，$P\left\{\frac{\bar{X}-\mu}{S_{n-1}}\sqrt{n} \leqslant \_\_\_\_\_\_\_\_\right\} = 0.95$.

2. 设 $(X_1, X_2, \cdots, X_n)$ 是总体 $\xi \sim P(\lambda)$ 的样本，则参数 λ 的矩法估计量是________，极大似然估计量是________.

3. 设 $(X_1, X_2, \cdots, X_n)$ 是总体 $\xi \sim P(\lambda)$ 的样本，则 $X_1 + X_2 + \cdots + X_n$ 服从的分布是________，根据中心极限定理，当 n 充分大时有 $X_1 + X_2 + \cdots + X_n$ 近似服从________.

4. 设总体 X 服从参数为 λ 的泊松分布 $P\{X = k\} = \frac{\lambda^k}{k!}e^{-\lambda}$，$(k = 0, 1, 2, \cdots)$，$(X_1, \cdots, X_n)$ 是随机生成的服从参数为 λ 泊松分布的 n 个随机数，记 $\bar{X}$ 为样本均值，S_{n-1}^2 为样本方差. 则当 $k=$________时，有 $k(\bar{X} + S_{n-1}^2)$ 是参数 λ 的无偏估计.

二、选择题

1. 设总体 $X \sim N(0, 1)$，$X_1, X_2, \cdots, X_6$ 为样本，又设 $Y = (X_1 + X_3 + X_5)^2 + (X_2 + X_4 + X_6)^2$，且 $CY \sim \chi^2$ 分布，则 C 的值为(　　).

(A) 1；　(B) $\frac{1}{2}$；　(C) $\frac{1}{3}$；　(D) $\frac{1}{6}$.

2. 设 $(X_1, X_2, \cdots, X_n)$ 为总体 $X \sim N(0, 1)$ 的一个样本，$\bar{X}$ 为样本均值，S_{n-1}^2 为样本方差，则有(　　).

(A) $\bar{X} \sim N(0, 1)$；　(B) $n\bar{X} \sim N(0, 1)$；

(C) $\bar{X}/S_{n-1} \sim t(n-1)$；　(D) $(n-1)X_1^2 \Big/ \sum\limits_{i=2}^{n} X_i^2 \sim F(1, n-1)$.

3. 对服从任意分布的总体 ξ，若 ξ 的期望 $E(\xi)$ 和方差 $D(\xi)$ 存在，则(　　).

(A) 总体期望 $E(\xi)$ 的矩法估计是样本均值 $\bar{X}$；

(B) 总体期望 $E(\xi)$ 的极大似然估计是样本均值 $\bar{X}$；

(C) 总体方差 $D(\xi)$ 的矩法估计是样本方差 S_{n-1}^2；

(D) 总体方差 $D(\xi)$ 的极大似然估计是样本方差 S_{n-1}^2.

4. 设 $(X_1, X_2, \cdots, X_n)$ 为总体 $N(\mu, \sigma^2)$ (μ 未知)的一个样本，$\bar{X}$ 为样本均值，则总体方差 σ^2 的无偏估计量是(　　).

(A) $\bar{\sigma}_1^2 = \frac{1}{n}\sum\limits_{i=1}^{n}(X_i - \bar{X})^2$；　(B) $\bar{\sigma}_2^2 = \frac{1}{n-1}\sum\limits_{i=1}^{n}(X_i - \bar{X})^2$；

(C) $\bar{\sigma}_3^2 = \frac{1}{n}\sum\limits_{i=1}^{n}(X_i - \mu)^2$；　(D) $\bar{\sigma}_4^2 = \frac{1}{n-1}\sum\limits_{i=1}^{n}(X_i - \mu)^2$.

三、计算题及证明题

1. 设总体 ξ 的概率密度为

$$f(x)=\begin{cases}6(\lambda^{-2}x-\lambda^{-3}x^2), & 0<x<\lambda;\\ 0, & \text{其他};\end{cases}$$

$(X_1, X_2, \cdots, X_n)$ 为取自总体的样本,求:

(1) 参数 λ 的矩法估计 $\hat{\lambda}$;(2) 判断 $\hat{\lambda}$ 是否为 λ 的无偏估计.

2. 已知总体 ξ 的概率密度为 $\varphi(x)=\begin{cases}\dfrac{1}{\theta}e^{-\frac{x}{\theta}}, & x>0;\\ 0, & x\leqslant 0;\end{cases}$ $(X_1, X_2, \cdots, X_n)$ 是 ξ 的样本,求参数 θ 的矩法估计和极大似然估计.

3. 设 $\hat{\theta}$ 是参数 θ 的无偏估计,试证明:若 $D(\hat{\theta})\neq 0$,则 $(\hat{\theta})^2$ 不是 θ^2 的无偏估计.

4. 设 $(X_1, X_2, \cdots, X_n)$ 为总体 X 的一个样本,X 的密度函数为

$$f(x)=\begin{cases}\beta x^{\beta-1}, & 0<x<1;\\ 0, & \text{其他};\end{cases}\quad \beta>0.$$

试求参数 β 的矩估计量和极大似然估计量.

5. 设总体 X 的分布率为:

X	-1	0	1
P	p	$1-2p$	p

随机抽取一个容量为 5 的样本,得到的样本观测值为 $(-1, 0, -1, 0, 1)$.
试分别求参数 p 的矩法估计值和极大似然估计值.

自 测 题 十 一

一、填空题

1. 假设检验的基本步骤是________，____________________，________________，__________________.

2. 假设检验中可能犯的两类错误的分别为____________________，一定条件下若降低了犯第一类错误的概率，会________________________.

3. 设 $\xi \sim N(\mu, \sigma^2)$，$\sigma^2$ 未知时，检验 $\mu = \mu_0$ 用________检验法；选用统计量为________，当 H_0 成立时，统计量服从________分布.

4. 显著性水平 α 下，对原假设 H_0 的双侧参数检验中，若原假设 H_0 为真，那么 H_0 被接受的概率为________.

二、选择题

1. 显著性水平为 α 的假设检验，关于原假设 H_0 的拒绝域，错误的选项是（　　）.

(A) 与样本观测值的大小有关；　(B) 与显著性水平 α 有关；

(C) 与检验统计量的分布有关；　(D) 是 H_0 接受域的补集.

2. 显著性水平为 α 的假设检验，原假设 H_0 被拒绝，若在更大的显著性水平下重新对原假设 H_0 进行检验，则（　　）.

(A) H_0 一定被接受；　(B) H_0 一定被拒绝；

(C) 不能确定 H_0 是否被拒绝；　(D) 以上选项都不对.

3. 设 $(X_1, X_2, \cdots, X_n)$ 是总体 ξ 的样本，$\xi \sim N(\mu, \sigma_0^2)$，其中 σ_0^2 已知，参数 μ 的置信水平为 $1-\alpha$ 的置信区间 L 包含 μ_0，则显著性水平 α 下，对原假设 $H_0: \mu = \mu_0$ 的检验（　　）.

(A) 不能确定是否接受 H_0；　(B) 拒绝 H_0；

(C) 接受 H_0；　(D) 犯第二类错误的概率为 $1-\alpha$.

4. 对原假设 H_0 双侧参数检验中，α 表示给定的显著性水平，则 α 含义为（　　）.

(A) $P\{$拒绝 $H_0 \mid H_0$ 为真$\}$；　(B) $P\{$拒绝 $H_0 \mid H_0$ 不真$\}$；

(C) $P\{$接受 $H_0 \mid H_0$ 为真$\}$；　(D) $P\{$接受 $H_0 \mid H_0$ 不真$\}$.

三、计算题

1. 某车间加工的钢轴直径 ξ 服从正态分布 $N(\mu, \sigma^2)$，根据长期积累的资料，已知其中 $\sigma = 0.012$(cm). 按照设计要求，钢轴直径的均值应该是 $\mu = 0.150$(cm). 现从一批钢轴中抽查 75 件，测得它们直径的样本均值为 0.154(cm)，问：这批钢轴的直径是否符合设计要求？（显著水平 $\alpha=0.05$）

2. 从一批矿砂中，抽取 5 个样品，测得它们的镍含量(单位：%)如下：

$$3.25,\ 3.27,\ 3.24,\ 3.26,\ 3.24$$

设镍含量服从正态分布，问：能否认为这批矿砂中镍含量的平均值为 3.25？（显著水平 $\alpha=0.05$）

3. 从切割机切割所得的金属棒中，随机抽取 15 根，测得长度(单位：cm)为：

10.5，10.6，10.1，10.4，10.5，10.3，10.3，10.2，
10.9，10.6，10.8，10.5，10.7，10.2，10.7；

设金属棒长度 $\xi \sim N(\mu, \sigma^2)$. 问：
(1) 是否可以认为金属棒长度的平均值 $\mu = 10.5$？(显著水平 $\alpha = 0.05$)
(2) 是否可以认为金属棒长度的标准差 $\sigma = 0.15$？(显著水平 $\alpha = 0.05$)

4. 甲、乙两台机床加工同一种零件，从这两台机床加工的零件中，随机抽取一些样品，测得它们的外径(单位：mm)如下：

机床甲	20.5，19.8，19.7，20.4，20.1，20.0，19.0，19.9
机床乙	19.7，20.8，20.5，19.8，19.4，20.6，19.2

假定零件的外径服从正态分布，问：
(1) 是否可以认为两台机床加工零件外径的方差相等？(显著水平 $\alpha=0.05$)
(2) 是否可以认为两台机床加工零件外径的均值相等？(显著水平 $\alpha=0.05$)

自测题十二

一、填空题

1. 某产品工艺改革前后的次品率分别为 p_1, p_2,若要检验工艺改革是否显著降低了产品的次品率,那么检验的原假设和备选假设分别为 ________ 和 ________;这个检验的拒绝域在 ______ 侧.

2. 进行 5 次试验,测得锰的熔化点(℃)如下:1 269, 1 271, 1 256, 1 265, 1 254;已知锰的熔化点服从正态分布.现要根据以上数据判断猛的熔化点是否显著高于 1 250℃($\alpha=0.01$),采用的原假设为______,备选假设为______,采用的统计量______,在 H_0 为真时服从的分布为______,拒绝域为______.

3. 一元线性回归 $Y=\beta_0+\beta_1 X+\varepsilon$, $\varepsilon\sim N(0,\sigma^2)$ 中,根据 n 组变元数据来估计误差项的方差 σ^2,则 σ^2 的极大似然估计为______,σ^2 的无偏估计为______.

4. 若线性回归的总离差平方和 SST 等于回归平方和 SSR,则线性回归的判定系数为______.

二、选择题

1. 显著性水平 α 下对正态总体期望的两个单侧检验:$H_0: \mu=\mu_0$, $H_1: \mu<\mu_0$ 与 $H_0: \mu\geqslant\mu_0$, $H_1: \mu<\mu_0$,下述选项错误的是(   ).

(A) 检验统计量相同; (B) 拒绝域相同;

(C) 拒绝或接受原假设的检验结果相同; (D) 犯第一类错误的概率相同.

2. 回归分析方法研究的是变元之间的(   ).

(A) 统计相关关系; (B) 线性关系;

(C) 非线性关系; (D) 函数关系.

3. 一元线性回归分析中,从 n 组观测数据计算出 L_{xx}, L_{xy}, L_{yy},由此求得统计量 F 观测值,若满足 $F>F_{1-\alpha}(1,n-2)$,则有(   ).

(A) x 与 y 线性关系显著; (B) x 与 y 线性关系不显著;

(C) x 与 y 线性关系是否显著无法判断; (D) 以上说法都不对.

4. 一组数据 (x_i, y_i), $i=1,2,\cdots n$,若 y 对 x 的回归方程 $\hat{y}=\hat{\beta}_0+\hat{\beta}_1 x$,则错误的是(   ).

(A) $\hat{\beta}_0$, $\hat{\beta}_1$ 都是 β_0,β_1 的无偏估计; (B) $\hat{\beta}_0$, $\hat{\beta}_1$ 都不是 β_0,β_1 的无偏估计;

(C) $\hat{\beta}_1=\dfrac{L_{xy}}{L_{xx}}$; (D) $\hat{\beta}_0=\bar{y}-\hat{\beta}_1\bar{x}$.

三、计算题

1. 自动包装机加工袋装食盐,每袋盐的净重 $X\sim N(\mu,\sigma^2)$,(μ, σ^2 未知),按规定每袋盐的标准质量为 500 g,且标准差不能超过 10 g.为检查机器的工作情况,随机地抽取 6 袋,测得样本均值 $\bar{x}=495.3$ g,样本标准差 $S=13.74$ g.

试在显著性水平 $\alpha=0.05$ 下通过检验期望 μ 和方差 σ^2 来判断包装机的工作是否正常?

2. 为了提高振动板的硬度，热处理车间选择两种淬火温度 T_1 及 T_2 进行试验，测得振动板的硬度数据如下：

T_1：85.6，85.9，85.7，85.8，85.7，86.0，85.5，85.4；

T_2：86.2，85.7，86.5，85.7，85.8，86.3，86.0，85.8.

设两种淬火温度下振动板的硬度都服从正态分布，检验：

(1) 两种淬火温度下振动板硬度的方差是否有显著差异 ($\alpha = 0.05$)？

(2) 淬火温度对振动板的硬度是否有显著影响 ($\alpha = 0.05$)？

3. 设 $y_i = \beta_0 + \beta_1 x_i + \varepsilon_i$，$\varepsilon_i \sim N(0, \sigma^2)$ 且各 ε_i 相互独立，从试验中测得：

x_i	20	30	40	50	60
y_i	13	16	17	20	23

求：(1) 样本相关系数，并解释其含义；

(2) 求 β_0，β_1 的最小二乘估计；

(3) 求残差平方和 SSE 及 σ^2 的一个无偏估计.

模拟试卷

华东理工大学概率统计教研室　编

華東理工大學出版社
EAST CHINA UNIVERSITY OF SCIENCE AND TECHNOLOGY PRESS
·上海·

卷　1

一、装有10件某产品(其中一等品5件,二等品3件,三等品2件)的箱子中丢失一件产品,但不知是几等品,今从箱中任取2件产品,求:

(1) 该两件产品都是一等品的概率;

(2) 在取出的2件产品都是一等品的条件下,丢失的一件也是一等品的概率.

二、某产品的次品率为0.01,现将每400个产品装成一箱,试用中心极限定理估计每箱中次品数超过4个的概率.

三、设二维离散型随机变量(X, Y)的分布列为

X \ Y	0	1
1	0.4	0.2
2	a	b

若$EXY = 0.8$,求:(1) a, b的值;(2) $\mathrm{Cov}(X, Y)$.

四、已知总体X的概率密度函数为

$$f(x) = \begin{cases} (\theta+1)x^{\theta}, & 0 < x < 1; \\ 0, & \text{其他}; \end{cases} \quad (\theta > 0),$$

其中θ为未知参数,求θ的矩估计量与极大似然估计量.

五、设(X, Y)的概率密度为

$$f(x, y) = \begin{cases} e^{-x}, & 0 < y < x; \\ 0, & \text{其他}. \end{cases}$$

求:(1) 边缘概率密度$f_X(x)$, $f_Y(y)$;

(2) $P(X+Y<1)$;

(3) $Z = X+Y$的概率密度$f_Z(z)$.

六、某种产品的质量 $\xi \sim N(\mu, \sigma^2)$，现从该产品中随机抽取 16 件，测得质量(单位：kg)为：

10.5，10.6，10.1，10.4，10.5，10.3，10.3，10.2，
10.9，10.6，10.8，10.5，10.7，10.2，10.7，10.3；

通过描述统计计算得

平均	10.475
标准误差	0.058 095
中位数	10.5
众数	10.5
标准差	0.232 379
方差	0.054
求和	167.6
观测数	16
置信度(95.0%)	0.123 826

在显著性水平 $\alpha = 0.05$ 下，
问：(1) 是否可以认为该产品质量的标准差 $\sigma = 0.15$？
(2) 是否可以认为该产品质量的标准差大于等于 0.15？

七、选择题

1. 设随机变量 X 的概率密度为

$$f(x) = \frac{1}{2\sqrt{\pi}} e^{-\frac{(x+2)^2}{4}}, -\infty < x < \infty,$$

且 $Y = aX + b \sim N(0, 1)$，则在下列各组数中应取(　　).

(A) $a = \frac{1}{2}$, $b = 1$;

(B) $a = \frac{\sqrt{2}}{2}$, $b = \sqrt{2}$;

(C) $a = \frac{1}{2}$, $b = -1$;

(D) $a = \frac{\sqrt{2}}{2}$, $b = -\sqrt{2}$.

2. 设随机变量 X 与 Y 相互独立，其概率分布分别为

X	0	1
P	0.4	0.6

Y	0	1
P	0.4	0.6

则有(　　).

(A) $P(X=Y)=0$;

(B) $P(X=Y)=0.5$;

(C) $P(X=Y)=0.52$;

(D) $P(X=Y)=1$.

3. 在下列函数中,可以作为随机变量的概率密度函数的是(　　).

(A) $f(x)=\begin{cases}\dfrac{1}{\sqrt{2\pi}}e^{-\frac{1}{2x^2}}, & x>0;\\ 0, & \text{其他};\end{cases}$

(B) $f(x)=\begin{cases}3x^2, & 0<x<1;\\ 0, & \text{其他};\end{cases}$

(C) $f(x)=\begin{cases}\sin x, & 0\leqslant x\leqslant \pi;\\ 0, & \text{其他};\end{cases}$

(D) $f(x)=\begin{cases}2e^{-x}, & x>0;\\ 0, & x\leqslant 0\end{cases}$.

4. 设随机变量 ξ 和 η 相互独立,其分布函数分别为 $F_\xi(x)$ 与 $F_\eta(y)$,则 $\zeta=\min(\xi, \eta)$ 的分布函数 $F_\zeta(z)$ 等于(　　).

(A) $\min\{F_\xi(z), F_\eta(z)\}$;

(B) $F_\xi(z)F_\eta(z)$;

(C) $1-[1-F_\xi(z)][1-F_\eta(z)]$;

(D) $F_\xi(z)+F_\eta(z)+F_\xi(z)F_\eta(z)$.

5. 若随机变量 $X\sim N(\mu_1, \sigma_1^2)$, $Y\sim N(\mu_2, \sigma_2^2)$,则下列结论正确的是(　　).

(A) (X, Y)一定服从二维正态分布;

(B) $X+Y$ 一定服从正态分布;

(C) $D(X+Y)=\sigma_1^2+\sigma_2^2$;

(D) $E(X+Y)=\mu_1+\mu_2$.

6. 设连续随机变量 X 的密度函数是偶函数,$F(x)$是 X 的分布函数,则 $P(|X|<16)=$ (　　).

(A) $2-F(16)$;

(B) $2F(16)-1$;

(C) $1-2F(16)$;

(D) $2[1-F(16)]$.

7. 设随机变量 $X_1, X_2, \cdots, X_n(n>1)$ 是来自总体 X 的简单随机样本,且 $DX=\sigma^2>0$. 令 $Y=\dfrac{1}{n}\sum\limits_{i=1}^{n}X_i$,则 $D(X_1-Y)=$ (　　).

(A) $\dfrac{n-1}{n}\sigma^2$;　　　　(B) σ^2;

(C) $\dfrac{n+1}{n}\sigma^2$；　　　　(D) $\dfrac{n}{n-1}\sigma^2$.

八、填空题

1. 设事件 A 与 B 相互独立，事件 B 与 C 互不相容，事件 A 与 C 互不相容，且 $P(A)=P(B)=0.5$，$P(C)=0.2$，则事件 A，B，C 中仅 C 发生或仅 C 不发生的概率 $P(\bar{A}\bar{B}C\cup AB\bar{C})=$ ________.

2. 设随机变量 X 的概率密度为 $f(x)=\begin{cases}2x, & 0<x<1;\\ 0, & 其他;\end{cases}$ 现对 X 进行四次独立重复观察，用 Y 表示观察值不大于 0.5 的次数，则 $EY^2=$ ________.

3. 设某种轮胎的寿命 X 服从正态分布 $N(\mu,\sigma^2)$，今随机地测量 16 个轮胎的寿命，得 $\bar{X}=\dfrac{1}{2}$，$\sum\limits_{i=1}^{16}X_i^2=34$. 在置信度 0.95 下，$\mu$ 的置信区间为 ________.

4. 设 X_1，X_2，…，X_{17} 是总体 $N(\mu,4)$ 的样本，S_{n-1}^2 是样本方差，若 $P(S_{n-1}^2>c)=0.01$，则 $c=$ ________.

5. 设随机变量 ξ 服从正态分布 $N(0,1)$，令 $\eta=\xi^2$，则 η 的密度函数 $p(y)=$ ________.

6. 下图为根据变元 X 和 Y 的样本数据用 Excel 进行回归分析的结果：

写出变元 X 和 Y 的可决系数(判定系数) ________，且一元线性回归方程为 $Y=$ ________.

SUMMARY OUTPUT

回归统计	
Multiple R	0.986636
R Square	0.97345
Adjusted R Square	0.970131
标准误差	0.39284
观测值	10

方差分析

	df	SS	MS	F	Significance F
回归分析	1	45.26541	45.26541	293.3156	1.37E-07
残差	8	1.234586	0.154323		
总计	9	46.5			

	Coefficients	标准误差	t Stat	P-value	Lower 95%	Upper 95%
Intercept	31.95277	1.665972	19.17965	5.66E-08	28.11102	35.79451
X Variable	-6.88196	0.401832	-17.1265	1.37E-07	-7.80858	-5.95533

卷　2

一、某仪器由 3 个部件组装而成，质量互不影响，各部件的优质品率均为 80%. 如果 3 部件都是优质品，则组装后的仪器一定合格；如果有 i 个部件不是优质品，则组装后的仪器不合格率为 $(3i-1)\times 10\%$；试求：

(1) 组装后的仪器上有 i 个部件不是优质品的概率($i=0, 1, 2, 3$)和组装后仪器的不合格率；

(2) 如果有一个不合格的仪器，问它全部由非优质品部件组装的条件概率是多少？

二、设有 n 个相互独立的电子器件 $D_1, D_2, \cdots, D_n$，它们的使用情况如下：D_1 损坏，D_2 立即使用；D_2 损坏，D_3 立即使用；…. 设器件 $D_i(i=1, 2, \cdots, n)$ 的寿命服从参数为 $\lambda=0.2(\mathrm{h}^{-1})$ 的指数分布，令 T 为 n 个器件使用的总计时间. 试用中心极限定理确定至少要多少个器件才能使得 $T\geqslant 600\ \mathrm{h}$ 的概率不小于 0.977 2?

三、设二维随机变量(X, Y)的概率密度为

$$f(x, y)=\begin{cases}A, & 0<x<y<1;\\ 0, & \text{其他}.\end{cases}$$

求：(1) 常数 A；

(2) 边缘密度函数 $f_X(x)$，$f_Y(y)$，并判断 X，Y 是否独立；

(3) $Z=X+Y$ 的概率密度函数.

四、设总体 X 的概率密度函数为 $f(x, \theta)=\begin{cases}\dfrac{1}{2-\theta}, & \theta<x<2;\\ 0, & \text{其他};\end{cases}$ 其中 θ 为未知的小于 2 的参数，$X_1, X_2, \cdots, X_n$ 是来自总体 X 的简单随机样本，求：

(1) θ 的矩法估计；

(2) θ 的极大似然估计量.

五、已知随机变量 ξ 只能取 -2、0、1、2 四个值，概率依次为 $\dfrac{1}{2}$、$\dfrac{c}{3}$、$\dfrac{1}{4}$、$\dfrac{c}{6}$，求常数 c，并计算条件概率 $P(\xi<1\mid\xi>-1)$ 和 $\eta=\xi^2$ 的分布律.

六、经过 7 次热处理时的淬火温度的测量，得到温度(单位：℃)：

85.6，85.9，85.7，85.8，85.7，86.0，85.5.

假设热处理时的淬火温度服从正态分布 $N(\mu, \sigma^2)$，经过 Excel 数据分析后得到下表，

平均	85.742 857 14
标准误差	0.064 943 722
中值	85.7
模式	85.7
标准偏差	0.171 824 939
样本方差	0.029 523 81
峰值	−0.638 085 328
偏斜度	0.168 964 17
区域	0.5
最小值	85.5
最大值	86
求和	600.2
计数	7

(1) 给定显著性水平 $\alpha = 0.05$，在方差未知的条件下，能否认为淬火温度的均值等于 85?

(2) 求淬火温度的方差 σ^2 置信水平为 95%的置信区间.

七、选择题

1. 若 $P(A) = \dfrac{1}{3}$，$P(B) = \dfrac{1}{4}$，$P(A-B) = \dfrac{3}{12}$，则(　　)成立.

(A) $P(B-A) = \dfrac{3}{12}$；　　(B) $P(A \cup B) = \dfrac{1}{3}$；

(C) A，B 不独立；　　(D) A，B 相互独立.

2. 已知随机变量 ξ 的密度函数为 $f(x) = \begin{cases} 2x, & 0 < x < 1; \\ 0, & 其他； \end{cases}$ 则 $\eta = \xi^2$ 的密度函数为(　　).

(A) $p(y) = \begin{cases} 2\sqrt{y}, & 0 < y < 1; \\ 0, & 其他； \end{cases}$　　(B) $p(y) = \begin{cases} \dfrac{1}{2}\sqrt{y}, & 0 < y < 1; \\ 0, & 其他； \end{cases}$

(C) $p(y) = \begin{cases} 1, & 0 < y < 1; \\ 0, & 其他； \end{cases}$　　(D) $p(y) = \begin{cases} \dfrac{2}{3}\sqrt{y}, & 0 < y < 1; \\ 0, & 其他. \end{cases}$

3. 随机变量 ξ，η 独立同分布，均服从二项分布 $B(3, p)$，则概率 $P\{\xi+\eta<1\} =$(　　).

(A) p^6；　　(B) $1 - p^6$；

(C) $1-(1-p)^6$；　　(D) $(1-p)^6$.

4. 下列(　　)可以成为某个随机变量ξ的分布函数$F(x)$.

(A) $F(x)=\begin{cases}0, & x<0;\\ x, & 0\leqslant x<2;\\ 1, & x\geqslant 2;\end{cases}$　　(B) $F(x)=\begin{cases}0, & x<0;\\ \dfrac{x}{2}, & 0\leqslant x<2;\\ 1, & x\geqslant 2;\end{cases}$

(C) $F(x)=\begin{cases}0, & x<0;\\ 2x, & 0\leqslant x<2;\\ 1, & x\geqslant 2;\end{cases}$　　(D) $F(x)=\begin{cases}0, & x<0;\\ x^2, & 0\leqslant x<2;\\ 1, & x\geqslant 2.\end{cases}$

5. 设随机变量ξ, η独立同分布,均服从指数分布$E(2)$,则概率$P\{\min(\xi,\ \eta)<3\}=$(　　).

(A) $1-e^{-12}$;　　(B) $1-e^{-8}$;　　(C) $(1-e^{-4})^3$;　　(D) e^{-12}.

6. 设$(X_1, X_2, X_3, X_4, X_5, X_6)$是来自总体$N(0, 4)$的样本,则下列(　　)服从分布$F(2, 4)$.

(A) $\dfrac{X_1^2+X_2^2}{X_3^2+X_4^2+X_5^2+X_6^2}$;　　(B) $\dfrac{2(X_1^2+X_2^2)}{X_3^2+X_4^2+X_5^2+X_6^2}$;

(C) $\dfrac{4(X_1^2+X_2^2)}{X_3^2+X_4^2+X_5^2+X_6^2}$;　　(D) $\dfrac{X_1^2+X_2^2}{2(X_3^2+X_4^2+X_5^2+X_6^2)}$.

7. 设X_1, X_2, X_3, X_4是来自某个总体的简单随机样本,且总体中含有未知参数μ,已知$\theta_1(X_1, X_2, X_3, X_4)$和$\theta_2(X_1, X_2, X_3, X_4)$都是关于$\mu$的估计量,在下列各项中(　　)不是判别估计量优良准则.

(A) 无偏性;　　(B) 一致估计;　　(C) 有效性;　　(D) 线性估计.

八、填空题

1. 某盒子内装有大小相同的20只球,其中8只红球、7只黑球、5只白球,从中随机任取3只,则恰好取到2只黑球的概率为________.

2. 设$P(A)=\dfrac{1}{3}$, $P(B)=\dfrac{1}{2}$, $P(A\mid B)=\dfrac{1}{3}$,则概率$P(A-B)=$________.

3. 设$(\xi,\ \eta)$服从二维正态分布$N(1,\ 0,\ 4,\ 1,\ -0.5)$,则概率$P\{\xi-\eta\geqslant 1\}=$________.

4. 设随机变量ξ服从正态分布$N(0, 1)$,令$\eta=\begin{cases}\xi, & \xi>0;\\ 0, & \text{其他};\end{cases}$则$E\eta=$________.

5. 已知随机变量$(\xi,\ \eta)$的联合密度函数为$p(x,\ y)=\begin{cases}6x, & 0<x<y<1;\\ 0, & \text{其他};\end{cases}$则协方差$\mathrm{Cov}(\xi,\ \eta)=$________.

6. 为了研究钢线含碳量(单位:%)X对于电阻Y在20℃下的影响,做了7次试验,得到数据如下:

钢线含碳量X	0.1	0.3	0.4	0.45	0.55	0.7	0.75
电阻Y	15	18	19	20	21	22.6	24

经 Excel 的线性回归计算得到：

SUMMARY OUTPUT

回归统计	
Multiple R	0.995 98
R Square	0.991 98
Adjusted R Square	0.990 38
标准误差	0.293 53
难测值	7

方差分析

	df	SS	MS	F	Significance F
回归分析	1	53.306 3	53.306 3	618.708 9	
残差	5	0.430 79	0.086 16		
总计	6	53.737 1			

	Coefficients	标准误差	t Stat	P-value	Lower 95%	Upper 95%
Intercept	13.840 5	0.269 25	51.403 8	5.27E-08	13.148 38	14.532 6
X Variable 1	13.143 5	0.528 41	24.873 9	1.96E-06	11.785 2	14.501 8

可以得到相关系数为________，且一元线性回归方程为__________________.

卷　3

一、某学生的 ipad 掉了，落在宿舍中的概率为 50%，在这种情况下找到的概率为 98%；落在教室里的概率为 35%，在这种情况下找到的概率为 60%；落在路上的概率为 15%，在这种情况下找到的概率为 10%；求：

(1) 该学生找到 ipad 的概率；

(2) 在手机找到的条件下，ipad 在宿舍中找到的概率.

二、设(ξ, η)的联合分布律：

ξ \ η	0	1	2
0	a	b	$\frac{1}{9}$
1	$\frac{2}{9}$	c	0
2	$\frac{1}{9}$	0	0

其中 a, b, c 为常数，已知 $E\xi = E\eta = \frac{5}{9}$，求：

(1) 常数 a, b, c；

(2) ξ 和 η 的边缘分布律，并判断 ξ 与 η 是否独立(需说明理由)；

(3) $\zeta = \max(\xi, \eta)$ 的分布律和分布函数 $F_\zeta(z)$；

(4) $\mathrm{Cov}(\xi, \eta)$.

三、设二维随机变量(X, Y)的联合概率密度为

$$f(x, y) = \begin{cases} A\mathrm{e}^{-x-y}, & 0 < y < x; \\ 0, & \text{其他}. \end{cases}$$

求：(1) 常数 A；

(2) 边缘密度函数 $f_X(x)$, $f_Y(y)$，并判断 X, Y 是否独立；

(3) $Z = X + Y$ 的概率密度函数.

四、(本题要求用中心极限定理近似计算)一复杂系统，由多个相互独立作用的部件组成，在运行期间，每个部件损坏的概率都是 0.1，为了使整个系统可靠地工作，必须至少有

88%的部件起作用. 为了使整个系统的可靠性达到 0.99,整个系统至少需要由多少个部件组成?(提示:系统至少有 500 个以上部件)

五、某车间生产的螺杆直径服从正态总体 $N(\mu,\ \sigma^2)$,今随机地从中抽取 5 支测得直径(单位:mm)为:

22.3, 21.5, 20.0, 21.8, 21.4,

经过 Excel 中"描述统计"的计算后得到:

平均	21.4
标准误差	0.383 406
中值	21.5
标准偏差	0.857 321
样本方差	0.735
区域	2.3
最小值	20
最大值	22.3
求和	107
计数	5
最大(1)	22.3
最小(1)	20
置信度(95.0%)	1.064 507

(1) 当方差 σ^2 未知时,问在显著性水平 $\alpha = 0.05$ 情况下,能否认为螺杆直径等于 20?
(2) 在已知方差 $\sigma^2 = 0.64$ 的条件下,求均值 μ 的置信水平为 95%的置信区间.

六、选择题

1. 如果下列(　　)条件成立,则事件 A, B 互不相容.
(A) $A \subset (\Omega - B)$;
(B) $A \subset B$;
(C) $P(AB) = 0$;
(D) $P(AB) = P(A)P(B)$.

2. 已知随机变量 ξ 的概率密度为 $p_\xi(x) = \begin{cases} \dfrac{3}{2}x^2, & -1 < x < 1; \\ 0, & 其他; \end{cases}$ 则 $\eta = \xi^2$ 的概率密度为(　　).

(A) $p_\eta(y)=\begin{cases}\dfrac{3}{2}y^{\frac{1}{2}}, & -1<y<1;\\ 0, & \text{其他};\end{cases}$

(B) $p_\eta(y)=\begin{cases}\dfrac{3}{2}y, & -1<y<1;\\ 0, & \text{其他};\end{cases}$

(C) $p_\eta(y)=\begin{cases}\dfrac{3}{2}y^{\frac{1}{2}}, & 0<y<1;\\ 0, & \text{其他};\end{cases}$

(D) $p_\eta(y)=\begin{cases}\dfrac{3}{2}y, & 0<y<1;\\ 0, & \text{其他}.\end{cases}$

3. 已知随机变量 ξ 服从参数为 1 的指数分布 $E(1)$，随机变量 η 服从参数为 2 的指数分布 $E(2)$，则概率 $P\{\min(\xi, \eta)\leqslant 1\}=($　　$)$.

(A) $1-e^{-3}$;

(B) e^{-3};

(C) $(1-e^{-1})(1-e^{-2})$;

(D) $1-(1-e^{-1})(1-e^{-2})$.

4. 随机变量 ξ 的分布函数为 $F(x)$，密度函数为 $p(x)$，则可以成为某个随机变量的概率密度函数的是(　　).

(A) $p(x)F(x)$;

(B) $2p(x)F(x)$;

(C) $3p(x)F(x)$;

(D) $p^2(x)F(x)$.

5. 设 $P(B\mid A)=0.4$, $P(A-B)=0.3$，若 $P(B-A)=($　　$)$，则事件 A, B 相互独立.

(A) 0.1;

(B) 0.2;

(C) 0.3;

(D) 0.4.

6. 设总体 ξ 和 η 相互独立，分别服从 $N(0, 4)$ 和 $N(0, 16)$，X_1, X_2, $\cdots$, X_6 和 Y_1, Y_2, $\cdots$, Y_6 分别是 ξ 和 η 的样本，当 $(a, b)=($　　$)$ 时，统计量 $\dfrac{1}{a}\sum_{i=1}^{6}X_i^2+\dfrac{1}{b}\sum_{i=1}^{6}Y_i^2$ 服从 $\chi^2(12)$ 的分布.

(A) (1, 2);

(B) (1, 4);

(C) (4, 8);

(D) (4, 16).

7. 设总体 $\xi \sim N(\mu, \sigma^2)$，其中 μ 是已知参数，$\sigma^2>0$ 是未知参数，$(X_1, X_2, \cdots, X_n)$ 是从总体中抽出的一组样本，则 σ^2 的极大似然估计值 $\hat{\sigma}^2=$ (　　).

(A) $\dfrac{1}{n}\sum\limits_{i=1}^{n}(X_i-\mu)^2$；

(B) $\dfrac{1}{n}\sum\limits_{i=1}^{n}(X_i-\bar{X})^2$；

(C) $\dfrac{1}{n-1}\sum\limits_{i=1}^{n}(X_i-\mu)^2$；

(D) $\dfrac{1}{n-1}\sum\limits_{i=1}^{n}(X_i-\bar{X})^2$.

8. 如图为根据变元 X 与 Y 的样本数据用 Excel 进行回归分析的结果.

SUMMARY OUTPUT

回归统计	
Multiple R	0.9584
R Square	0.9185
Adjusted R Square	0.8913
标准误差	1
观测值	5

方差分析

	df	SS	MS	F	Significance F
回归分析	1	33.8	33.8	33.8	0.010131424
残差	3	3	1		
总计	4	36.8			

	Coefficients	标准误差	t Stat	P-value	Lower 95%	Upper 95%
Intercept	1.25	0.901388	1.38675	0.2596	-1.618618333	4.118618
X Variable	1.625	0.279508	5.81378	0.01013	0.735479216	2.514521

则变元 X 与 Y 的样本相关系数和回归方程分别为(　　).

(A) 0.958 4，$Y=1.25+1.625X$；

(B) 0.918 5，$Y=1.25+1.625X$；

(C) 0.958 4，$Y=1.625+1.25X$；

(D) 0.918 5，$Y=1.625+1.25X$.

七、填空题

1. 设二维随机变量 (ξ, η) 的联合概率密度为 $p(x, y)=\begin{cases}\dfrac{2}{\pi}, & x^2+y^2\leqslant 1 \text{ 且 } y>0;\\ 0, & \text{其他};\end{cases}$

则概率 $P\{\xi\geqslant\eta\}=$ ________.

2. 设随机变量 ξ 服从均匀分布 $U(-1, 3)$，则 ξ 的绝对值 $|\xi|$ 的数学期望 $E|\xi|=$ ________.

3. 设随机变量 ξ 的概率分布为

ξ	-1	0	1	2
P	0.2	0.4	0.3	0.1

若令 $\eta=\xi^2$，则二维随机变量$(\xi,\ \eta)$在$(0.5,\ 1)$处的分布函数 $F(0.5,\ 1)=$________.

4. 设随机变量 ξ，η 相互独立，$\xi\sim B(2,\ 0.5)$，$\eta\sim B(4,\ 0.5)$，则 $P\{\xi+\eta=4\}=$________.

5. 已知随机变量 ξ，η 服从相同的分布，且 ξ，η 的相关系数为 0.5，用切比雪夫不等式估计，得到概率 $P(|\xi-\eta|\geqslant\sqrt{6D\xi})\leqslant$________.

卷　4

一、填空题

1. 设 A、B 为两个随机事件，已知 $P(\bar{A})=0.4$，$P(B\mid A)=0.5$，则 $P(AB)=$ ________.

2. 已知连续型随机变量 ξ 的概率密度函数为 $p(x)=\sqrt{\frac{2}{\pi}}e^{-2(x^2-2x+1)}$，则 ξ 的数学期望为________，ξ 的方差为________.

3. 仓库中有 12 件同样规格的产品，其中甲、乙、丙厂生产的产品数量分别为 3 件、4 件、5 件，若甲、乙、丙厂生产的产品次品率依次为 $\frac{1}{4}$、$\frac{1}{4}$、$\frac{1}{5}$，现从这 12 件产品中任取一件产品，问取到次品的概率为________________________.

4. 若 ξ，η 相互独立，均服从[0，3]上均匀分布，则 $P(\max\{\xi,\ \eta\}\leqslant 1)=$ ________.

5. 设 $\xi\sim B(200,\ 0.01)$，$\eta\sim P(4)$，且 ξ，η 相互独立，则 $\mathrm{Cov}(2\xi-3\eta,\ \xi)=$ ________.

6. 随机抽查某班级 8 名同学某课程考试的卷面成绩 Y 与平时上课缺席次数 X 的数据（如下图右上角所示），Excel 回归分析的结果如下：

回归	统计
Multiple R	0.936647
R Square	0.877308
Adjusted R Square	0.856859
标准误差	9.326226
观测值	8

方差分析

	df	SS	MS	F	Significance F
回归分析	1	3731.629	3731.629	42.90289	0.000605859
残差	6	521.871	86.97849		
总计	7	4253.5			

	Coefficients	标准误差	t Stat	P-value	Lower 95%	Upper 95%	下限 95.0%	上限 95.0%
Intercept	93.90323	5.296941	17.72782	2.07E-06	80.94207929	106.8644	80.94208	106.8644
X Variabl	-15.5161	2.368864	-6.55003	0.000606	-21.31252997	-9.71973	-21.3125	-9.71973

卷面成绩	缺席次数
82	1
73	2
61	3
44	3
91	0
75	1
89	0
19	4

在显著性水平 0.001 下，能否认为考试卷面成绩 Y 与平时上课缺席次数 X 有显著的线性相关关系________（填：是或否）；考试卷面成绩 Y 与平时上课缺席次数 X 的回归方程为：________________.

二、选择题

1. 设 X 服从正态分布 $N(\mu,\ \sigma^2)$，则概率 $P\{|X-\mu|<\sigma\}$ 的值(　　).

(A) 与 σ 有关；　　(B) 与 μ 有关；

(C) 与 σ 和 μ 有关；　　(D) 为常数.

2. 假设检验中分别用 H_0 和 H_1 表示原假设和备选假设，则显著性水平 α 的含义为(　　).

(A) $P\{$接受 $H_0\mid H_0$ 为真$\}$；

(B) $P\{$接受 $H_0\mid H_0$ 为不真$\}$；

(C) $P\{$拒绝 $H_0\mid H_0$ 为真$\}$；

(D) $P\{$拒绝 $H_0\mid H_0$ 为不真$\}$.

3. 设随机变量 ξ 密度函数为 $p(x)$，则 $\eta=5\xi+1$ 的密度函数 $p_\eta(y)$ 为(　　).

(A) $\frac{1}{5}p\left(\frac{y-1}{5}\right)$；

(B) $5p\left(\frac{y+1}{5}\right)$；

(C) $5p\left(\frac{y-1}{5}\right)$；

(D) $p(5y+1)$.

4. 现有 12 张奖券，其中 10 张为 1 元，2 张为 5 元，某人从中随机地无放回地抽取 3 张，则此人所得奖金的数学期望为(　　).

(A) 6.5；　　(B) 5.0；

(C) 7.8；　　(D) 9.0.

5. 设 X_1，X_2，…，X_5 是独立同分布的随机变量，$X_i\sim N(0,1)$，记 $Y=C_1(X_1+X_2+X_3)^2+C_2(X_4+X_5)^2$，这里 C_1，C_2 是常数，则当 $C_1=$________，$C_2=$________时，Y 服从自由度是 2 的 χ^2 分布.(　　).

(A) 9,4；　　(B) 3,2；

(C) $\frac{1}{9}$，$\frac{1}{4}$；　　(D) $\frac{1}{3}$，$\frac{1}{2}$.

6. 设 $E\xi=-2$，$E\eta=2$，$D\xi=1$，$D\eta=4$，$\rho_{\xi\eta}=-0.5$，则根据切比雪夫不等式，有 $P(|\xi+\eta|\geqslant 6)\leqslant$(　　).

(A) $\frac{1}{12}$；　　(B) $\frac{1}{18}$；

(C) $\frac{1}{36}$；　　(D) $\frac{1}{6}$.

7. 设随机变量 ξ 服从泊松分布 $P(\lambda)$，则 $P(\xi\leqslant k)=$(　　).

(A) $\sum\limits_{i=0}^{k}\frac{\lambda^i}{i!}e^{-\lambda}$；

(B) $\frac{\lambda^k}{k!}e^{-\lambda}$；

(C) $\sum\limits_{i=k}^{\infty}\frac{\lambda^i}{i!}e^{-\lambda}$；

(D) $1-\frac{\lambda^k}{k!}e^{-\lambda}$.

8. 关于线性回归，下述选项错误的是(　　).

(A) 线性回归的前提是误差项满足：正态性，独立性和方差齐性；

(B) 总离差平方和＝回归平方和＋残差平方和；

(C) 当回归分析中 F 检验的 p 值小于给定的显著性水平时，说明变元的线性关系显著；

(D) 当回归分析中 F 检验的 p 值小于给定的显著性水平时，说明变元的线性相关关系不显著.

三、计算题

1. 设某工厂的车床、钻床、刨床的台数之比为 9∶4∶2，它们在一定时间内需要修理的概率之比为 1∶2∶3，当一台机床需要修理时，求这台机床是车床的概率.

2. 抛一枚均匀硬币两次，记

$$X_i = \begin{cases} 1, & \text{第 } i \text{ 次出现正面；} \\ 0, & \text{第 } i \text{ 次出现反面；} \end{cases} (i = 1, 2),$$

令 $Y = X_1 + X_2$，

求：(1) (X_1, Y)的联合分布律；

(2) 关于 X_1 和 Y 的边缘分布；

(3) X_1 与 Y 是否独立？说明理由.

3. 某保险公司多年的统计资料表明，在赔付客户中因被盗赔付的客户占 20%，用 ξ 表示在随机抽取的 100 个赔付客户中因被盗赔付的客户数，试用中心极限定理求因被盗而赔付的客户数在 16 到 28 户的概率.

$[\Phi(1) = 0.841\,3,\ \Phi(2) = 0.977\,2,\ \Phi(1.125) = 0.869\,7,\ \Phi(2.125) = 0.983\,2]$

4. 设某次学生考试成绩服从正态分布，从中随机抽取 36 名学生的成绩，数据如表. 问在显著水平 $\alpha = 0.05$ 下，是否可以认为全体学生的平均成绩为 70 分(要给出检验过程)？

列 1	
平均	66.5
标准误差	2.500 077
中位数	66.5
众数	67
标准差	15.000 4
方差	225.012
峰度	0.653 776
偏度	−0.507 94
区域	65
最小值	30
最大值	95
求和	2 393.9
观测数	36
最大(1)	95
最小(1)	30
置信度(95.0%)	5.075 426

5. 设 $(X_1, X_2, \cdots, X_n)$ 是取自离散总体 ξ 的样本，ξ 的概率分布为

$$P(\xi = x) = \left(\frac{\theta}{2}\right)^{|x|}(1-\theta)^{1-|x|},\ x = -1,\ 0,\ 1;$$

其中，$0 < \theta < 1$ 是未知参数. 求 θ 的极大似然估计量 $\hat{\theta}$.

6. 设 X 和 Y 是独立同分布的随机变量，它们都服从均匀分布 $U(0, 1)$.

(1) 写出 (X, Y) 的联合概率密度函数；

(2) 求概率 $P\left(X + Y \leqslant \frac{3}{2}\right)$；

(3) 试求 $Z = XY$ 的分布函数和密度函数.

卷　　5

一、计算题

1. 设随机变量 ξ 与 η 相互独立，且分别服从区间$[-1, 1]$上的均匀分布和参数 $\lambda=1$ 的指数分布，求：(1) $Z=\xi+\eta$ 的密度函数；(2) ξ 和 Z 的相关系数.

2. 据调查顾客在淘宝网上购买小件物品的消费额(单位：元)服从[50，150]上的均匀分布，而要想依靠在淘宝开一个网店来谋生，每月网店的销售额不能少于 3 000 元. 假设顾客各次光顾网店的消费额是相互独立的，试用中心极限定理估计一个网店每月要成功销售多少次物品才能以 90%的把握来保证当月的生计?

3. 如下图所示，设系统中每个元件的工作相互独立，且他们损坏(不能正常工作)的概率均为 p.

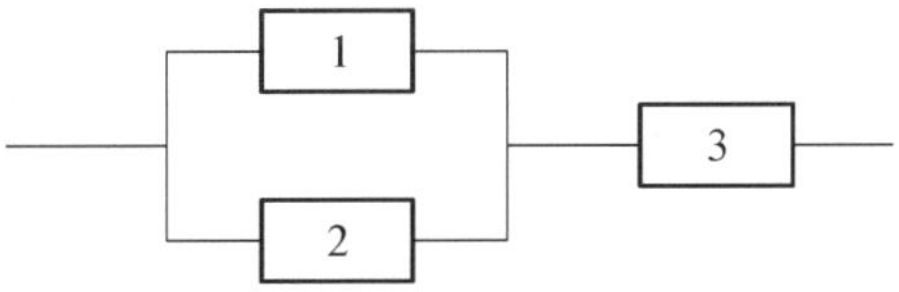

(1) 求整个系统的可靠性；

(2) 若已知整个系统不能正常工作，求此时元件 3 损坏的概率.

4. 已知(2，4，3，8，5，2，4)为取自总体 ξ 的一组样本观测值，ξ 的概率密度函数为

$$p_\xi(x)=\begin{cases} ba^b x^{-1-b}, & a\leqslant x; \\ 0, & \text{其他}; \end{cases}(a>0,\ b>1).$$

(1) 当已知 $b=2$ 时，求参数 a 的极大似然估计；

(2) 当已知 $a=2$ 时，求参数 b 的矩法估计.

5. 已知随机变量 X, Y 相互独立，且 $P\{X+Y=0\}=\dfrac{1}{24}$，$P\{X+Y=2\}=\dfrac{3}{8}$，$EX=\dfrac{1}{4}$，求(X, Y)的联合分布和边际分布.

X \ Y	-1	2	3	$P\{X=x_i\}$
0				
1				
$P\{Y=y_j\}$				1

6. 已知初生婴儿的体重服从正态分布 $\xi \sim N(\mu, \sigma^2)$，随机抽取 12 名婴儿，测得体重(单位：g)如下：3 100，2 520，3 000，3 600，3 000，2 540，3 160，3 560，3 320，2 880，2 600，3 400.

数据的描述性统计	
平均	3 056.667
标准误差	108.343 8
中值	3 050
模式	3 000
标准差	375.314
样本方差	140 860.6
峰值	−1.104 06
偏斜度	−0.094 44
区域	1 080
最小值	2 520
最大值	3 600
求和	36 680
计数	12

试问：(1) 在显著性水平 $\alpha = 0.01$ 的情况下，能否认为初生婴儿体重的均值为 3 000 g?

(2) 在显著性水平 $\alpha = 0.05$ 的情况下，能否认为初生婴儿体重的标准差为 350 g?

二、填空题

1. 设二维随机变量 $(\xi, \eta) \sim N(1, 1, 1, 1, 0)$，则：$P\{|\xi-\eta|>2\} =$ ________(可算到可查表为止)；若用切比雪夫不等式来估计，则 $P\{|\xi-\eta|>2\} \leqslant$ ________.

2. 我校理学院共有 20 个班级(各班人数均为 30 人)，从各班分别随机抽取 n_i 人参加体能测试(其中 $n_i \leqslant 30$，且 $n_1+n_2+\cdots+n_{20}=100$)，若每个人能否通过体能测试相互独立，通过测试的概率都是 0.9，则第 i 个班级选取的 n_i 人中，通过体能测试的人数 $X_i \sim$ ________，所有选取的 100 人中，通过体能测试的人数 X 的数学期望 $EX=$ ________.

3. 设随机变量 ξ 的概率密度为 $p(x) = ce^{-\frac{x^2-2x+1}{4}}(-\infty<x<+\infty)$，则常数 $c=$ ________；令 ξ^* 为 ξ 的标准化随机变量，则 $P\{\xi^* \leqslant 0\} =$ ________.

4. 设总体 $\xi \sim N(\mu, 3^2)$，$(X_1, X_2, \cdots, X_{16})$ 为取自总体的样本，样本均值为 $\bar{X}$，样本方差为 S_{n-1}^2，则总体均值 μ 的置信水平为 95% 的置信区间的长度为 ________，$P\left\{\dfrac{15S_{n-1}^2}{3^2} \leqslant \text{________}\right\} = 0.9$.

三、选择题

1. 设 $\xi \sim B(100, 0.05)$，则下列 4 个选项中错误的是(　　).

(A) ξ 近似服从泊松分布 $P(5)$；

(B) ξ 近似服从正态分布 $N(5, 4.75)$；

(C) 若 $\xi_i \sim B(1, 0.05)$ 且相互独立，则 ξ 可表示为 $\xi = \xi_1+\xi_2+\cdots+\xi_{100}$；

(D) 对于 $0\leqslant k\leqslant 100$，若 k 的取值越大，概率 $P\{\xi=k\}$ 就越小.

2. 下列函数中，是分布函数的是(　　).

(A) $F(x)=\begin{cases}\dfrac{1}{10}, & -\infty<x<-1;\\ \dfrac{2}{10}, & -1\leqslant x<0;\\ \dfrac{3}{10}, & 0\leqslant x<1;\\ \dfrac{4}{10}, & 1\leqslant x<+\infty;\end{cases}$　　(B) $F(x)=\begin{cases}0, & -\infty<x<-1;\\ \dfrac{1}{3}, & -1\leqslant x<0;\\ \dfrac{2}{3}, & 0\leqslant x<1;\\ 1, & 1\leqslant x<+\infty;\end{cases}$

(C) $F(x)=\begin{cases}0, & x\leqslant 0;\\ 2x, & 0<x\leqslant 1;\\ 1, & 1<x;\end{cases}$　　(D) $F(x)=\begin{cases}0, & x<-1;\\ \dfrac{1}{2}, & -1\leqslant x<0;\\ \dfrac{1}{3}, & 0\leqslant x<1;\\ 1, & 1\leqslant x.\end{cases}$

3. 对于任意的总体 ξ，若其期望和方差(μ 和 σ^2)都存在，则(　　).

(A) 样本均值 $\overline{X}$ 一定是总体期望 μ 的无偏估计；

(B) 样本的中位数 Me 一定是总体期望 μ 的无偏估计；

(C) 样本的众数 Mod 一定是总体期望 μ 的无偏估计；

(D) 样本二阶原点矩 $\overline{X^2}$ 一定是 μ^2 的无偏估计.

4. 设 X_i 相互独立，且分别服从参数为 i 的指数分布：$X_i\sim E(i)$，$i=1, 2, \cdots, 10$，则有 $P\{\max(X_1, X_2, \cdots, X_{10})\geqslant 1\}$ 等于(　　).

(A) $\prod\limits_{i=1}^{10} ie^{-i}$；　　(B) $\prod\limits_{i=1}^{10}(1-e^{-i})$；

(C) $1-\prod\limits_{i=1}^{10}(1-e^{-i})$；　　(D) $1-\prod\limits_{i=1}^{10} ie^{-i}$.

卷　6

一、计算题

1. 设随机变量 ξ 与 η 的联合分布律为

ξ \ η	0	1
0	$\frac{1}{6}$	a
1	b	$\frac{1}{3}$

已知事件 $\{\xi=0\}$ 与 $\{\xi+\eta=1\}$ 相互独立，试求：

(1) 常数 a, b 的值；

(2) $\mathrm{Cov}(\xi, \eta)$；

(3) $\zeta=\min\{\xi, \eta\}$ 的分布律.

2. 已知随机向量(ξ, η)的联合概率密度函数为

$$p(x, y)=\begin{cases}2-x-y, & 0<x<1,\ 0<y<1; \\ 0, & 其他.\end{cases}$$

(1) 分别求 ξ, η 的边际密度函数.

(2) ξ, η 相互独立吗？说明理由.

(3) 求随机变量函数 $\zeta=\xi+\eta$ 的概率密度函数.

3. 在天平上重复称一重物，假设各次称重结果相互独立，称重结果的期望值为 a，方差为 0.04，若以$\overline{X_n}$表示 n 次称重结果的算术平均值，为使 $P\{|\overline{X_n}-a|<0.1\}>0.95$，请用中心极限定理估计至少要称重多少次？

4. 从某品牌的油漆中随机抽取 9 个样品，测得油漆的干燥时间(单位：h)为

6.5, 5.8, 7.2, 6.6, 6.8, 6.3, 5.6, 6.1, 4.9.

假设油漆的干燥时间 $\xi\sim N(\mu, \sigma^2)$，这里 μ, σ^2 未知. 问：

(1) 是否可以认为油漆的平均干燥时间为 $\mu=6$ ($\alpha=0.05$)；

(2) 求 σ^2 的置信水平为 95%的置信区间.

[$\Phi(1.96)=0.975$, $t_{0.975}(8)=2.3060$, $\chi^2_{0.025}(8)=2.180$, $\chi^2_{0.975}(8)=17.535$]

列 1	
平均	6.2
标准误差	0.230 94
中值	6.3
标准偏差	0.692 82
样本方差	0.48
峰值	0.282 087
偏斜度	−0.565 43
区域	2.3
最小值	4.9
最大值	7.2
求和	55.8
计数	9
最大(1)	7.2
最小(1)	4.9

5. 设 $(X_1, \cdots, X_n)$ 是取自总体 ξ 的一个简单随机样本，ξ 的密度函数为 $p(x) = \begin{cases} e^{-(x-\theta)}, & x \geqslant \theta; \\ 0, & x < \theta; \end{cases}$

其中 $\theta>0$ 为未知参数.

(1) 试求 θ 的矩估计；

(2) 试求 θ 的极大似然估计；

(3) 问 θ 的极大似然估计量 $\hat{\theta}$ 是否为无偏估计？请说明理由.

二、填空题

1. 设随机变量 ξ 的分布律为

$$P\{\xi = k\} = \frac{a}{k(k+1)},\ k = 1, 2, \cdots, 9, \text{且 } P\{\xi = 10\} = \frac{a}{10},$$

则常数 $a=$________.

2. 设 A, B 为互不相容的随机事件，已知 $P(A-B) = 0.6$, $P(B-A) = 0.3$，则 $P(A+B) =$ ________.

3. 设随机变量 $\xi \sim U\left(0, \frac{\pi}{2}\right)$，则 $E(\sin\xi) =$ ________.

4. 设随机变量 $\xi \sim E(2)$，则 $\eta = \xi^2$ 的密度函数 $p_\eta(y) =$ ________.

5. 已知随机变量 ξ 的数学期望为 0.8，方差为 0.01，利用切比雪夫不等式估计概率 $P\{|\xi-0.8|<0.2\} \geqslant$ __________.

6. 设总体 $\xi \sim N(1, 4)$，(X_1, X_2, X_3, X_4) 为取自总体的样本，则随机变量 $Y =$

$\dfrac{X_1 - X_2}{\sqrt{(X_3-1)^2+(X_4-1)^2}}$ 服从______分布，自由度为______.

三、选择题

1. 设 A,B,C 为三个随机事件，其概率均大于 0，且 A 与 B 相互独立，A 与 C 相互独立，B 与 C 互不相容，则下列命题中成立的是(　　).

(A) A,B,C 相互独立；　　(B) C 与 $A\cup B$ 相互独立；

(C) A 与 $B\cup C$ 相互独立；　　(D) B 与 $A\cup C$ 相互独立.

2. 在一系列独立重复试验中，每次试验成功的概率为 p，则 5 次试验中前 2 次试验成功后 3 次试验失败的概率为(　　).

(A) $4p^2(1-p)^3$；　　(B) $4p(1-p)^3$；

(C) $10p(1-p)^3$；　　(D) $p^2(1-p)^3$.

3. 设随机变量 ξ 的分布函数为

$$F(x)=\begin{cases}0, & x<a;\\ x^2+c, & a\leqslant x<b;\\ 1, & x\geqslant b.\end{cases}$$

且已知 $P\left\{\xi\leqslant\dfrac{1}{2}\right\}=\dfrac{1}{4}$，则 a,b,c 的取值分别为(　　).

(A) $a=0,b=1,c=0$；　　(B) $a=0,b=2,c=-4$；

(C) $a=1,b=2,c=-3$；　　(D) $a=0,b=2,c=0$.

4. 设 ξ 是一随机变量，c 为任意实数，$E\xi$ 为随机变量 ξ 的数学期望，则(　　).

(A) $E(\xi-c)^2=E(\xi-E\xi)^2$；　　(B) $E(\xi-c)^2\geqslant E(\xi-E\xi)^2$；

(C) $E(\xi-c)^2\leqslant E(\xi-E\xi)^2$；　　(D) $E(\xi-c)^2=0$.

5. 设随机变量 X,Y 相互独立，服从两点分布 $\begin{bmatrix}-1 & 1\\ \dfrac{1}{3} & \dfrac{2}{3}\end{bmatrix}$，则下列式子中正确的是(　　).

(A) $P\{X=Y\}=\dfrac{1}{2}$；　　(B) $P\{X=Y\}=\dfrac{4}{9}$；

(C) $P\{X=Y\}=\dfrac{5}{9}$；　　(D) $P\{X=Y\}=1$.

6. 甲袋中有 3 只黑球、7 只白球，乙袋中有 4 只黑球、5 只白球，现在从甲袋中先取出一只球放入乙袋中，再从乙袋中拿出一只球，则该球是白色的概率为(　　).

(A) $\dfrac{1}{2}$；　　(B) $\dfrac{5}{9}$；　　(C) $\dfrac{57}{100}$；　　(D) $\dfrac{3}{5}$.

参 考 答 案

华东理工大学概率统计教研室　编

華東理工大學出版社
EAST CHINA UNIVERSITY OF SCIENCE AND TECHNOLOGY PRESS
·上海·

自测题一参考答案

一、**1.** $A \supset B$； **2.** (1) $A_1A_2\cdots A_n$，(2) $\bar{A}_1A_2A_3\cdots A_n \cup A_1\bar{A}_2A_3\cdots A_n \cup \cdots \cup A_1A_2\cdots A_{n-1}\bar{A}_n$，(3) $\bar{A}_1 \cup \bar{A}_2 \cup \cdots \cup \bar{A}_n$，(4) $\bigcup\limits_{\substack{i,j=1\\ i\neq j}}^{n} A_iA_j$； **3.** $\frac{1}{18}$； **4.** 4.

二、**1.** D； **2.** A； **3.** C； **4.** C； **5.** C.

三、**1.** (1) $\bar{A}$=“掷两枚硬币,至少有一个反面”； (2) $\bar{B}$=“射击三次，至少有一次没有命中目标”； (3) $\bar{C}$=“加工四个零件,全为不合格品”.

2. (1) $A \subset B$； (2) $AB = \varnothing$.

3. (1) 成立； (2) 不成立； (3) 不成立； (4) 成立； (5) 成立； (6) 成立； (7) 成立； (8) 成立.

4. $1-\frac{C_{n-m}^k}{C_n^k}$.

5. (1) 0.255； (2) 0.509； (3) 0.745； (4) 0.273.

6. $a<\frac{10}{9}$.

自测题二参考答案

一、**1.** 0.86； **2.** 0.3； **3.** 0.5； **4.** 0.5.

二、**1.** D； **2.** B； **3.** B； **4.** C.

三、**1.** (1) $AB=A$, 0.6； (2) $A\cup B=\Omega$, 0.3.

2. (1) $1-(1-p_1p_2p_3)^3$； (2) $p_1^2[1-(1-p_2)^3]$.

3. 0.8.

4. (1) $\frac{1}{n+1}$； (2) $\frac{1}{n(n+1)}$.

5. $\frac{9}{22}$.

6. (1) 0.027； (2) 0.307 7.

自测题三参考答案

一、**1.** 0, 0.125； **2.** 2, $\frac{1}{9}$； **3.** 5； **4.** $\frac{7}{24}$.

二、**1.** A； **2.** A； **3.** D； **4.** D.

三、1. $\frac{2}{3}$；$\frac{1}{18}$.

2. $\frac{80}{243}$.

3. (1)

X	1	2	3	4
P	$\frac{5}{8}$	$\frac{15}{56}$	$\frac{5}{56}$	$\frac{1}{56}$

(2) $P(X=k)=(3/8)^{k-1}\times\left(\frac{5}{8}\right)$，$k=1, 2, 3, \cdots$.

4. (1) 1； (2) 当 $x<0$ 时，$F(x)=0$；当 $0\leqslant x<1$ 时，$F(x)=\frac{x^2}{2}+\frac{x}{2}$；当 $x\geqslant 1$ 时，$F(x)=1$； (3) 0.375，0.

5. (1) $\frac{1}{2\pi}$； (2) 0.25； (3) $\frac{1}{2}+\frac{1}{\pi}\arctan x$.

自测题四参考答案

一、1. 2，4； 2. -6，74； 3. 3； 4. 0.5，0.25.

二、1. B； 2. A； 3. B； 4. C.

三、1. (1) $F(x)=\begin{cases}0, & x<-1; \\ \frac{1}{6}, & -1\leqslant x<1; \\ \frac{1}{2}, & 1\leqslant x<2; \\ 1, & x\geqslant 2;\end{cases}$ (2) 0； (3) $\frac{7}{6}$.

2. (1) $k=\frac{1}{2}$； (2) $\frac{\sqrt{2}}{4}$；

(3) $F(x)=\begin{cases}0, & x\leqslant -\frac{\pi}{2}; \\ \frac{1}{2}\sin x+\frac{1}{2}, & -\frac{\pi}{2}<x<\frac{\pi}{2}; \\ 1, & x\geqslant \frac{\pi}{2}.\end{cases}$

3. $\frac{2}{5}$；$\frac{38}{75}$.

4. 略

自测题五参考答案

一、**1.** $\dfrac{1}{\sqrt{2\pi}}$，0.5，0，0.5，0.5；　**2.** 2；　**3.** 0.5；　**4.** 6，0.6.

二、**1.** A；　**2.** A；　**3.** C；　**4.** A.

三、**1.** 31.25.

2. $Z \sim N(0, 45)$.

3. 0.25.

4. 略.

自测题六参考答案

一、**1.** 0.25；　**2.** 0.125；　**3.** $B(n, p)$；　**4.** 0.1，0.3.

二、**1.** B；　**2.** A；　**3.** C；　**4.** B.

三、**1.** $P(Z=1)=pq$，$P(Z=0)=1-qp$.

2. (1) $f_X(x)=\begin{cases}0, & x\leqslant 0;\\ xe^{-x}, & x>0;\end{cases}$ $f_Y(y)=\begin{cases}0, & y\leqslant 0;\\ e^{-y}, & y>0;\end{cases}$

(2) $P(X+Y<1)=1-2e^{-\frac{1}{2}}+e^{-1}$.

3. $P(X\geqslant 1 \mid Y=y)=\begin{cases}1-\dfrac{1}{y}, & y>1;\\ 0, & \text{其他}.\end{cases}$

4. (1) 2；　(2) $f_X(x)=\begin{cases}e^{-x}, & x\geqslant 0;\\ 0, & x<0;\end{cases}$ $f_Y(y)=\begin{cases}2e^{-2y}, & y\geqslant 0;\\ 0, & y<0;\end{cases}$ 独立.

自测题七参考答案

一、**1.** 7.4；　**2.** 3.2；　**3.** $\sqrt{\dfrac{2}{\pi}}$；　**4.** 990；　**5.** $N(\mu_1-\mu_2, \sigma_1^2+\sigma_2^2)$.

二、**1.** C；　**2.** A；　**3.** B.

三、**1.** (1)

X \ Y	0	1	$p_{\cdot j}$
0	$\frac{3}{10}$	$\frac{3}{10}$	0.6
1	$\frac{3}{10}$	$\frac{1}{10}$	0.4
$p_{i\cdot}$	0.6	0.4	1

(2)

Y	0	1
$p_{\cdot j}$	0.6	0.4

X	0	1
$p_{i\cdot}$	0.6	0.4

(3) 0.4，0.4，0.24，0.24，0.1，−0.25.

2. (1) $\frac{1}{3}$； (2) $\frac{2}{\sqrt{\pi}}$.

3. (1)和(2)

Y_1 \ Y_2	0	1	$p_{\cdot j}$
0	$\frac{1}{2}$	0	$\frac{1}{2}$
1	$\frac{1}{4}$	$\frac{1}{4}$	$\frac{1}{2}$
$p_{i\cdot}$	$\frac{3}{4}$	$\frac{1}{4}$	1

(3) 0.125.

4. 4.2.

自测题八参考答案

一、**1.** $P\{\eta=0\}=0.15$，$P\{\eta=1\}=0.55$，$P\{\eta=4\}=0.3$； **2.** $\frac{3y^2}{\sqrt{2\pi}}e^{-\frac{y^6}{2}}$；

3. $\frac{1}{3\sqrt{2\pi}}e^{-\frac{z^2}{18}}$； **4.** $F_\xi(z)+F_\eta(z)-F_\xi(z)F_\eta(z)$.

二、**1.** A； **2.** C； **3.** B； **4.** B.

三、**1.** $p_\eta(y)=\begin{cases}\dfrac{1}{\pi\sqrt{1-y^2}}, & -1<y<1;\\ 0, & \text{其他}.\end{cases}$

2. $p_\eta(y)=\begin{cases}\dfrac{2}{\sqrt{2\pi y}}e^{-\frac{y}{2}}, & y>0;\\ 0, & y\leqslant 0.\end{cases}$

3. (1) $P(U=-2)=\frac{1}{8}$，$P(U=-1)=0$，$P(U=0)=\frac{3}{4}$，$P(U=1)=0$，$P(U=$

$2)=\frac{1}{8}$;

(2) $P(V=2)=\frac{1}{2}$, $P(V=1)=0$, $P(V=2)=\frac{1}{2}$;

(3) $P(\zeta=-1)=\frac{1}{8}$, $P(\zeta=0)=\frac{1}{2}$, $P(\zeta=1)=\frac{3}{8}$.

4. $p_\zeta(z)=\begin{cases}\frac{9}{8}z^2, & 0<z<1;\\ \frac{3}{8}(4-z^2), & 1\leqslant z<2;\\ 0, & \text{其他}.\end{cases}$

5. $p_\zeta(z)=\begin{cases}\frac{z}{2}, & 0\leqslant z<2;\\ 0, & \text{其他}.\end{cases}$

6. $p_\zeta(z)=\begin{cases}4z(1-e^{-2z^2}), & z>0;\\ 0, & z\leqslant 0.\end{cases}$

自测题九参考答案

一、**1.** 0.999 4； **2.** (1) B； (2)A,D； (3) $\left(\frac{\sigma^2}{n}+\mu^2\right)\left(\frac{2\sigma^4}{n-1}+\sigma^4\right)$；

4. 2，3.

二、**1.** B； **2.** D； **3.** C； **4.** C.

三、**1.** 0.008.

2. 14.

3. (1) 0.000 2； (2) 0.997 7.

4. 147.

5. 0.973 6.

6. σ^2.

自测题十参考答案

一、**1.** 0.05，$t_{0.95}(n-1)$； **2.** $\bar{X}$，$\bar{X}$； **3.** $P(n\lambda)$，$N(n\lambda, n\lambda)$； **4.** 0.5.

二、**1.** C； **2.** D； **3.** A； **4.** B.

三、**1.** (1) $2\bar{X}$； (2) 无偏估计.

2. (1) $\bar{X}$； (2) $\bar{X}$.

3. 略.

4. (1) $\dfrac{\overline{X}}{1-\overline{X}}$； (2) $-\dfrac{n}{\sum\limits_{i=1}^{n}\ln X_i}$.

5. 0.3；0.3.

自测题十一参考答案

一、**1.** 提出假设,选取检验统计量并计算统计量观测值,确定拒绝域(或接受域),做出判断； **2.** 第一类错误和第二类错误,增加犯第二类错误的概率； **3.** t，$T=\dfrac{\overline{X}-\mu_0}{S}\sqrt{n}$，$t(n-1)$； **4.** $1-\alpha$.

二、**1.** A； **2.** B； **3.** C； **4.** A.

三、**1.** 不符合.

2. 能.

3. (1) 可以； (2) 不可以.

4. (1) 可以； (2) 可以.

自测题十二参考答案

一、**1.** $H_0: p_1 \leqslant p_2$，$H_1: p_1 > p_2$,右； **2.** $H_0: \mu \leqslant 1\,250$，$H_1: \mu > 1\,250$，$T=\dfrac{\overline{X}-15}{S_{n-1}/\sqrt{n}}$，$t(4)$，$T>3.746\,9$； **3.** $\dfrac{SSE}{n}$，$\dfrac{SSE}{n-2}$； **4.** 1.

二、**1.** D； **2.** A； **3.** A； **4.** B.

三、**1.** 是;是.

2. (1) 无差异； (2) 有影响.

3. (1) 0.989 7,相关系数是表示变量间存在线性关系的量； (2) 0.24，8.2；(3) 1.2，0.4.

卷 1 参考答案

一、解：(1) 设 $A=$“从箱中任取 2 件都是一等品”

$B_i=$“丢失 i 等品”，$i=1, 2, 3.$

则利用全概率公式，有

$$P(A)=P(B_1)P(A\mid B_1)+P(B_2)P(A\mid B_2)+P(B_3)P(A\mid B_3)$$
$$=\frac{1}{2}\cdot\frac{C_4^2}{C_9^2}+\frac{3}{10}\cdot\frac{C_5^2}{C_9^2}+\frac{1}{5}\cdot\frac{C_5^2}{C_9^2}=\frac{2}{9};$$

(2) 利用贝叶斯公式，得到 $P(B_1\mid A)=\dfrac{P(B_1)P(A\mid B_1)}{\sum\limits_{i=1}^{3}P(A\mid B_i)P(B_i)}=\dfrac{3}{8}.$

二、解：设每箱中的次品数为 ξ，则 $\xi\sim B(400, 0.01)$，

$E\xi=4$，$D\xi=400\times 0.01\times 0.99=3.96$，根据中心极限定理，有

$$P(\xi>4)=1-\Phi\left(\frac{4-4}{\sqrt{3.96}}\right)=0.5.$$

三、解：(1) 由规范性有 $0.4+0.2+a+b=1$，即 $a+b=0.4$；

由条件 $EXY=0.8$ 有 $0.2+2b=0.8$；

解得 $a=0.1$，$b=0.3$.

(2) 利用 $EX=1.4$，$EY=0.5$，计算得到 $\mathrm{Cov}(X, Y)=EXY-EX\cdot EY=0.1.$

四、解：设 $X_1, X_2, \cdots, X_n$ 是来自总体 X 的样本，$x_1, x_2, \cdots, x_n$ 为样本观测值.

(1) 矩法估计：先求总体的一阶矩

$$E\xi=\int_0^1 x(\theta+1)x^{\theta}\mathrm{d}x=\frac{\theta+1}{\theta+2}=\bar{X},$$

解得 $\hat{\theta}=\dfrac{2\bar{X}-1}{1-\bar{X}}.$

(2) 当 $0<x_i<1$，$i=1, 2, \cdots, n$ 时，极大似然估计函数为

$$L(\theta)=\prod_{i=1}^{n}(\theta+1)x_i^{\theta}=(\theta+1)^n\left(\prod_{i=1}^{n}x_i\right)^{\theta},$$

取对数，得到

$$\ln(L(\theta))=n\ln(\theta+1)+\theta\sum_{i=1}^{n}\ln x_i.$$

求导数，有 $\dfrac{\mathrm{d}\ln[L(\theta)]}{\mathrm{d}\theta}=\dfrac{n}{\theta+1}+\sum\limits_{i=1}^{n}\ln x_i$，

导数为零，解得 $\hat{\theta}=-\dfrac{n}{\sum\limits_{i=1}^{n}\ln x_i}-1.$

五、解：(1) 边缘概率密度为

$$f_X(x)=\int_{-\infty}^{+\infty}f(x,y)\mathrm{d}y=\begin{cases}0, & x\leqslant 0\\ \int_0^x e^{-x}\mathrm{d}y, & x>0\end{cases}=\begin{cases}0, & x\leqslant 0;\\ xe^{-x}, & x>0.\end{cases}$$

$$f_Y(y)=\int_{-\infty}^{+\infty}f(x,y)\mathrm{d}x=\begin{cases}0, & y\leqslant 0\\ \int_y^{+\infty} e^{-x}\mathrm{d}x, & y>0\end{cases}=\begin{cases}0, & y\leqslant 0;\\ e^{-y}, & y>0.\end{cases}$$

(2) 概率 $P(X+Y<1)=\iint\limits_{x+y<1}f(x,y)\mathrm{d}x\mathrm{d}y=\int_0^{\frac{1}{2}}\left(\int_y^{1-y}e^{-x}\mathrm{d}x\right)\mathrm{d}y$

$$=\int_0^{\frac{1}{2}}(e^{-y}-e^{y}\cdot e^{-1})\mathrm{d}y=1-2e^{-\frac{1}{2}}+e^{-1}.$$

(3) 利用卷积公式，$Z=X+Y$ 的概率密度 $f_Z(z)=\int_{-\infty}^{+\infty}f(x,z-x)\mathrm{d}x$.

当 $z\leqslant 0$ 时，$f_Z(z)=0$；当 $z>0$ 时，$f_Z(z)=\int_{\frac{z}{2}}^{z}e^{-x}\mathrm{d}x=e^{-\frac{z}{2}}-e^{-z}$.

所以

$$f_Z(z)=\begin{cases}0, & z\leqslant 0;\\ e^{-\frac{z}{2}}-e^{-z}, & z>0.\end{cases}$$

六、解：(1) 假设 $H_0:\sigma=0.15$，$H_1:\sigma\neq 0.15$，

构造统计量 $\chi^2=\dfrac{(n-1)S_{n-1}^2}{\sigma^2}\sim\chi^2(n-1)$，计算得 $\hat{\chi}^2=\dfrac{15\times 0.054}{(0.15)^2}=36$.

查表得 $\chi^2_{0.025}(15)=6.262$，$\chi^2_{0.975}(15)=27.488$.

$\because \hat{\chi}^2>27.488$，$\therefore$ 拒绝原假设，即不能认为该产品质量的标准差 $\sigma=0.15$.

(2) 假设 $H_0:\sigma\geqslant 0.15$，$H_1:\sigma<0.15$，构造统计量 $\chi^2=\dfrac{(n-1)S_{n-1}^2}{\sigma^2}\sim\chi^2(n-1)$，计算得 $\hat{\chi}^2=\dfrac{15\times 0.054}{(0.15)^2}=36$，查表得 $\chi^2_{0.05}(15)=7.261$，拒绝域为 $(-\infty, 7.261)$，由于 $\hat{\chi}^2>7.261$，故接受原假设，即能认为该产品质量的标准差 $\sigma\geqslant 0.15$.

七、**1.** B； **2.** C； **3.** B； **4.** C； **5.** D； **6.** B； **7.** A.

八、**1.** 0.45； **2.** 1.75； **3.** $(-0.2535, 1.2535)$； **4.** 8； **5.** $\begin{cases}\dfrac{1}{\sqrt{2\pi y}}e^{-\frac{y}{2}}, & y>0;\\ 0, & \text{其他}；\end{cases}$

6. 0.973 45，$31.95277-6.88196X$.

卷 2 参考答案

一、解：(1) 设 B_i 表示组装后的仪器上有 i 个部件不是优质品的概率 $(i=0, 1, 2, 3)$，

则 $P(B_0)=0.8^3=0.512$，$P(B_1)=\mathrm{C}_3^1\times0.2\times0.8^2=0.384$，$P(B_2)=\mathrm{C}_3^2\times0.2^2\times0.8=0.096$，$P(B_3)=0.2^3=0.008$.

若用 C 表示仪器的不合格，于是利用全概率公式得到仪器的不合格率为

$$\begin{aligned}P(C)&=\sum_{i=0}^{3}P(C\mid B_i)P(B_i)\\&=0\times0.8^3+0.2\times\mathrm{C}_3^1\times0.2\times0.8^2+0.5\times\mathrm{C}_3^2\times0.2^2\times0.8+0.8\times0.2^3\\&=0.1312.\end{aligned}$$

(2) 如果有一个不合格的仪器，全部由非优质品部件组装的条件概率为

$$P(B_3\mid C)=\frac{P(C\mid B_3)P(B_3)}{\sum_{i=0}^{3}P(C\mid B_i)P(B_i)}=0.0488.$$

二、解：设 ξ_i 是第 i 个电子器件的寿命，已知 $\xi_i\sim E(0.2)$，$i=1,2,\cdots,n$，它们独立同分布，$E\xi_i=\frac{1}{\lambda}=\frac{1}{0.2}=5$，$D\xi_i=\frac{1}{\lambda^2}=\frac{1}{0.2^2}=25$，$i=1,2,\cdots,n$.

根据独立同分布中心极限定理，可认为 $T=\sum_{i=1}^{n}\xi_i$ 近似服从正态分布 $N(n\mu,n\sigma^2)$，所以

$$\Phi(2)=0.9772\leqslant P\{T\geqslant600\}\approx=1-\Phi\left(\frac{600-5n}{5\sqrt{n}}\right)=\Phi\left(\frac{5n-600}{5\sqrt{n}}\right)$$

于是有 $\frac{5n-600}{5\sqrt{n}}\geqslant2$，解得 $n\geqslant144$，取 $n=144$.

三、解：(1) 利用规范性，得到

$$1=\int_{-\infty}^{+\infty}\int_{-\infty}^{+\infty}f(x,y)\,\mathrm{d}x\,\mathrm{d}y=\int_0^1\mathrm{d}y\int_0^y A\,\mathrm{d}x=\int_0^1 Ay\,\mathrm{d}y=\frac{A}{2},$$

故 $A=2$.

(2) 边缘密度函数为

$$f_X(x)=\int_{-\infty}^{+\infty}f(x,y)\,\mathrm{d}y=\begin{cases}\int_x^1 2\,\mathrm{d}y, & 0<x<1\\ 0, & \text{其他}\end{cases}=\begin{cases}2(1-x), & 0<x<1;\\ 0, & \text{其他}.\end{cases}$$

$$f_Y(y)=\int_{-\infty}^{+\infty}f(x,y)\,\mathrm{d}x=\begin{cases}\int_0^y 2\,\mathrm{d}x, & 0<y<1\\ 0, & \text{其他}\end{cases}=\begin{cases}2y, & 0<y<1;\\ 0, & \text{其他}.\end{cases}$$

因为 $f(x,y)\neq f_X(x)f_Y(y)$，所以 X，Y 不独立.

(3) 利用卷积公式，$Z=X+Y$ 的概率密度函数为

$$f_Z(z)=\int_{-\infty}^{+\infty}f(x,\ z-x)\mathrm{d}x=\begin{cases}\int_0^{\frac{z}{2}}2\mathrm{d}x=z, & 0\leqslant z<1;\\ \int_{z-1}^{\frac{z}{2}}2\mathrm{d}x=2-z, & 1\leqslant z<2;\\ 0, & 其他.\end{cases}$$

四、解：(1) 先求总体的一阶矩，$EX=\int_{-\infty}^{+\infty}f(x,\ \theta)\mathrm{d}x=\int_{\theta}^{2}\frac{x}{2-\theta}\mathrm{d}x=\frac{2+\theta}{2}=\bar{X}$，解得矩法估计量 $\hat{\theta}=2\bar{X}-2$.

(2) 似然函数为：

$$L(\theta)=\prod_{i=1}^{n}f(x_i)=\begin{cases}(2-\theta)^{-n}, & \theta<x_i<2,\ i=1,\ 2,\ \cdots,\ n;\\ 0, & 其他.\end{cases}$$

两边取对数，当 $0<x_i<\theta\ (i=1,\ 2,\ \cdots,\ n)$ 时，有

$\ln L(\theta)=-n\ln(2-\theta)$，

求导，得到 $\frac{\mathrm{d}\ln L(\theta)}{\mathrm{d}\theta}=\frac{n}{2-\theta}>0$，故 θ 的极大似然估计值为 $\hat{\theta}=\min\limits_{1\leqslant i\leqslant n}X_i$.

五、解：利用规范性，有 $\frac{1}{2}+\frac{c}{3}+\frac{1}{4}+\frac{c}{6}=1$，解得 $c=\frac{1}{2}$. 因此 $P(\xi=-2)=\frac{1}{2}$，$P(\xi=0)=\frac{1}{6}$，$P(\xi=1)=\frac{1}{4}$，$P(\xi=2)=\frac{1}{12}$，

$$P(\xi<1\mid\xi>-1)=\frac{P\{(\xi>-1)\cap(\xi<1)\}}{P(\xi>-1)}=\frac{P(\xi=0)}{P(\xi=0)+P(\xi=1)+P(\xi=2)}=\frac{1}{3},$$

$\eta=\xi^2$ 的分布律为

$$P(\eta=0)=\frac{1}{6},\ P(\eta=1)=\frac{1}{4},\ P(\eta=4)=\frac{7}{12}.$$

六、解：(1) 由样本观测值计算，得 $\bar{X}=85.742\ 9$，$S_{n-1}^2=0.029\ 5$.

本问题相当于要检验 $H_0:\mu=85$，$H_1:\mu\neq 88$，考虑到方差未知，故采用双侧 t 检验法. 取检验统计量，在 H_0 真时服从 $t(n-1)$. 计算统计量的值：

$$\hat{T}=\frac{\bar{X}-85}{S_{n-1}}\sqrt{7}=\frac{85.742\ 9-85}{\sqrt{0.029\ 5}}\sqrt{7}=11.437\ 5.$$

利用 $\alpha=0.05$，查 t 分布表得 $t_{0.975}(6)=2.446\ 9$，由于 $|\hat{T}|>t_{0.975}(6)$，故拒绝 H_0，即认为淬火温度的均值不等于 85.

(2) 在方差未知的条件下，求方差 σ^2 的置信水平为 95%的置信区间.

查表得 $\chi_{0.025}^2(6)=1.237$，$\chi_{0.975}^2(6)=12.592$，

则 μ 的置信度为 95%的置信上下限分别为

$$\frac{(n-1)S_{n-1}^2}{\chi_{0.975}^2}=\frac{6\times 0.029\ 5}{12.592}=0.014\ 1,$$

$$\frac{(n-1)S_{n-1}^2}{\chi^2_{0.975}} = \frac{6 \times 0.0295}{1.237} = 0.1423,$$

即淬火温度的方差置信度为95%的置信区间为(0.0141，0.1423).

七、**1.** D； **2.** C； **3.** D； **4.** B； **5.** A； **6.** B； **7.** D.

八、**1.** $\frac{91}{380}$； **2.** $\frac{1}{6}$； **3.** 0.5； **4.** $\frac{1}{\sqrt{2\pi}}$； **5.** $\frac{1}{40}$； **6.** 0.99598，13.8405+13.1435X.

卷3参考答案

一、解：设A=｛ipad掉落在宿舍中｝，B=｛ipad掉落在教室里｝，C=｛ipad掉落在路上｝，D=｛找到ipad｝，则

$$P(A)=0.5,\ P(B)=0.35,\ P(C)=0.15,$$

$$P(D \mid A)=0.98,\ P(D \mid B)=0.60,\ P(D \mid C)=0.10.$$

(1) 利用全概率公式得到该学生找到ipad的概率

$$P(D)=0.5\times 0.98+0.35\times 0.6+0.15\times 0.1=0.715.$$

(2) 利用贝叶斯公式得到

$$P(A \mid D)=\frac{0.5\times 0.98}{0.715}=0.6853.$$

二、解：(1) 利用规范性以及数学期望的定义，有：

$$\begin{cases} a+b+c+\frac{4}{9}=1 \\ c+\frac{2}{9}+2\cdot\frac{1}{9}=\frac{5}{9} \\ b+c+2\cdot\frac{1}{9}=\frac{5}{9} \end{cases}，求解得到\ a=b=\frac{2}{9},\ c=\frac{1}{9}.$$

(2) ξ和η的边缘分布律为

ξ	0	1	2
P	$\frac{5}{9}$	$\frac{3}{9}$	$\frac{1}{9}$

η	0	1	2
P	$\frac{5}{9}$	$\frac{3}{9}$	$\frac{1}{9}$

因为$P\{\xi=0,\ \eta=0\}=\frac{2}{9}\neq\frac{25}{81}=P\{\xi=0\}P\{\eta=0\}$，所以$\xi$与$\eta$不独立.

(3) $\zeta=\max(\xi,\ \eta)$的分布律为

ζ	0	1	2
P	$\frac{2}{9}$	$\frac{5}{9}$	$\frac{2}{9}$

分布函数 $F_{\zeta}(z)=\begin{cases}0, & z<0;\\ \frac{2}{9}, & 0\leqslant z<1;\\ \frac{7}{9}, & 1\leqslant z<2;\\ 1, & z\geqslant 1.\end{cases}$

(4) $E\xi=E\eta=\frac{5}{9}$, $E\xi\eta=\frac{1}{9}$

$$\mathrm{Cov}(\xi,\ \eta)=E\xi\eta-E\xi E\eta=\frac{1}{9}-\frac{5}{9}\times\frac{5}{9}=-\frac{16}{81}.$$

三、解:(1) 利用规范性知

$$1=\int_{-\infty}^{+\infty}\int_{-\infty}^{+\infty}f(x,\ y)\mathrm{d}x\mathrm{d}y=\int_{0}^{+\infty}\mathrm{d}x\int_{0}^{x}Ae^{-x-y}\mathrm{d}y=\int_{0}^{2}A(e^{-x}-e^{-2x})\mathrm{d}x=\frac{A}{2},$$

故 $A=2$.

(2) 边缘密度函数

$$f_X(x)=\int_{-\infty}^{+\infty}f(x,\ y)\mathrm{d}y=\begin{cases}\int_{0}^{x}2e^{-x-y}\mathrm{d}y, & x>0\\ 0, & \text{其他}\end{cases}=\begin{cases}2(e^{-x}-e^{-2x}), & x>0;\\ 0, & \text{其他}.\end{cases}$$

$$f_Y(y)=\int_{-\infty}^{+\infty}f(x,\ y)\mathrm{d}x=\begin{cases}\int_{y}^{+\infty}2e^{-x-y}\mathrm{d}x, & y>0\\ 0, & \text{其他}\end{cases}=\begin{cases}2e^{-2y}, & y>0;\\ 0, & \text{其他}.\end{cases}$$

因为 $f(x,\ y)\neq f_X(x)f_Y(y)$, 所以 X, Y 不独立.

(3) 利用卷积公式, $Z=X+Y$ 的概率密度函数为

$$f_Z(z)=\int_{-\infty}^{+\infty}f(x,\ z-x)\mathrm{d}x=\begin{cases}\int_{z/2}^{z}2e^{-z}\mathrm{d}x, & z>0\\ 0, & \text{其他}\end{cases}=\begin{cases}ze^{-z}, & z>0;\\ 0, & \text{其他}.\end{cases}$$

四、解:设 ξ 是起作用的部件数, $\xi\sim B(n,\ p)$, 当 n 比较大时,近似有 $\xi\sim N(np,\ npq)$. 若设至少需要 n 个部件, $np=0.9n$, $npq=0.09n$, 直接用中心极限定理计算系统能可靠地工作的概率等于

$$P\{0.88n\leqslant\xi\leqslant n\}\approx\Phi\left(\frac{n-0.9n}{\sqrt{0.09n}}\right)-\Phi\left(\frac{0.88n-0.9n}{\sqrt{0.09n}}\right)=\Phi\left(\frac{\sqrt{n}}{3}\right)-\Phi\left(-\frac{\sqrt{n}}{15}\right)$$

$$\approx 1-\Phi\left(-\frac{\sqrt{n}}{15}\right)=\Phi\left(\frac{\sqrt{n}}{15}\right)$$

(因为本题中 n 很大，$\frac{\sqrt{n}}{3}$ 的值远远超过了 4，所以可以认为 $\Phi\left(\frac{\sqrt{n}}{3}\right)\approx 1$).

要使 $\Phi\left(\frac{\sqrt{n}}{15}\right)\geqslant 0.99$，查表可得 $\frac{\sqrt{n}}{15}\geqslant 2.3263$，即 $n\geqslant(2.3263\times 15)^2\approx 1217.62$，即如果整个系统可靠性要达到 0.99，它至少需要由 1 218 个部件组成.

五、解：(1) 由样本观测值计算，得 $\bar{X}=21.4$，$S_{n-1}=0.8573$.

本问题相当于要检验 $H_0:\mu=20$，$H_1:\mu\neq 20$，故采用双侧 t 检验法. 考虑到方差 σ^2 未知，取检验统计量 $T=\frac{\bar{X}-\mu}{S_{n-1}}\sqrt{n}$，在 H_0 真时服从 $t(4)$. 计算统计量的值：$\hat{t}=\frac{21.4-20}{0.8573}\sqrt{5}=3.6515$，由 $\alpha=0.05$，查表得 $t_{0.975}(4)=2.7764$，由于 $|\hat{t}|>2.7764$，故拒绝 H_0，即认为螺杆直径显著不等于 20.

(2) 在已知方差 $\sigma^2=0.64$ 的条件下，求均值 μ 的置信水平为 95% 的置信区间.

查正态分布表得 $u_{0.975}=1.96$，则 μ 的置信度为 95% 的置信上下限为

$$\bar{x}\pm u_{0.975}\cdot\frac{\sigma}{\sqrt{n}}=21.4\pm 1.96\times\frac{0.8}{\sqrt{5}}=21.4\pm 0.7012,$$

即该螺杆直径均值的置信度为 95% 的置信区间为(20.6988, 22.1012).

六、1. A； **2.** C； **3.** A； **4.** B； **5.** B； **6.** D； **7.** A； **8.** A.

七、1. 0.25； **2.** 1.25； **3.** 0.6； **4.** $C_6^4\,0.5^6=\frac{15}{64}$； **5.** $\frac{1}{6}$.

卷 4 参考答案

一、1. 0.3； **2.** 1，$\frac{1}{4}$； **3.** $\frac{11}{48}=0.229$； **4.** $\frac{1}{9}$； **5.** 3.96； **6.** 是，$Y=93.90323-15.5161X$.

二、1. D； **2.** C； **3.** A； **4.** B； **5.** D； **6.** A； **7.** A； **8.** D.

三、1. 解：设 A_1，A_2，A_3 分别表示车床、钻床、刨床，而 B 表示“机床需要修理”，利用贝叶斯公式，得

$$P(A_1\mid B)=\frac{P(A_1B)P(A_1)}{\sum_{i=1}^{3}P(B\mid A_i)P(A_i)}=\frac{\frac{1}{6}\times\frac{9}{15}}{\frac{1}{6}\times\frac{9}{15}+\frac{2}{6}\times\frac{4}{15}+\frac{3}{6}\times\frac{2}{15}}=\frac{9}{23}.$$

2. 解 (1)

X_1 \ Y	0	1	2
0	$\frac{1}{4}$	$\frac{1}{4}$	0
1	0	$\frac{1}{4}$	$\frac{1}{4}$

(2)

X_1	0	1
p	$\frac{1}{2}$	$\frac{1}{2}$

Y	0	1	2
p	$\frac{1}{4}$	$\frac{1}{2}$	$\frac{1}{4}$

(3) 不独立,因为 $P(X_1=0, Y=0)=\frac{1}{4}\neq P(X_1=0)P(Y=0)=\frac{1}{8}$.

3. 解:$\xi\sim N(100\times 0.2, 100\times 0.2\times 0.8)=N(20, 16)$,

$$P(16\leqslant\xi\leqslant 28)\approx\Phi\left(\frac{28-20}{4}\right)-\Phi\left(\frac{16-20}{4}\right)=\Phi(2)-\Phi(-1)=0.818\,5.$$

4. 解:设 $H_0: \mu=70$, $H_1: \mu\neq 70$,

统计量 $T=\frac{\bar{X}-70}{S_{n-1}}\sqrt{n}$, $n=36$. 代入数值得

$$|T|=\frac{|66.5-70|}{15}\sqrt{36}=1.4<t_{0.975}(35)=2.030\,1,$$

故不拒绝原假设.

5. 解:$L(\theta)=\prod_{i=1}^{n}\left(\frac{\theta}{2}\right)^{\sum_{i=1}^{n}|x_i|}(1-\theta)^{n-\sum_{i=1}^{n}|x_i|}$

$$\ln L(\theta)=\sum_{i=1}^{n}|x_i|\ln\left(\frac{\theta}{2}\right)+\left(n-\sum_{i=1}^{n}|x_i|\right)\ln(1-\theta)$$

$$\frac{\partial\ln L}{\partial\theta}=\sum_{i=1}^{n}|x_i|\frac{1}{\theta}+\left(n-\sum_{i=1}^{n}|x_i|\right)\left(-\frac{1}{1-\theta}\right)\stackrel{\Delta}{=}0$$

得 $\hat{\theta}=\frac{1}{n}\sum_{i=1}^{n}|X_i|$.

6. 解:(1) 联合密度

$$p(x, y)=\begin{cases}1, & 0<x<1, 0<y<1;\\ 0, & \text{其他}.\end{cases}$$

(2) $P\left(X+Y\leqslant\frac{3}{2}\right)=1-\frac{1}{8}=\frac{7}{8}$.

(3) 求 $F(z)$:

当 $z\leqslant 0$ 时,$F(z)=0$;当 $z\geqslant 1$ 时,$F(z)=1$;当 $0<z<1$ 时,

$$\begin{aligned}F(z)&=P(Z\leqslant z)=P(XY\leqslant z)=1-P(XY>z)\\&=1-\iint_{xy>z}1\mathrm{d}x\mathrm{d}y=1-\int_z^1\mathrm{d}x\int_{\frac{z}{x}}^1\mathrm{d}y=z(1-\ln z),\end{aligned}$$

所以 $F(z)=\begin{cases}0, & z\leqslant 0;\\ z(1-\ln z), & 0<z<1;\\ 1, & z\geqslant 1;\end{cases}$

$p(z)=\begin{cases}-\ln z, & 0<z<1;\\ 0, & \text{其他}.\end{cases}$

卷 5 参考答案

一、计算题

1. 解：(1) $p_z(z)=\int_{-\infty}^{+\infty}p_{\xi,\eta}(x,z-x)\mathrm{d}x=\int_{-\infty}^{+\infty}p_{\xi}(x)p_{\eta}(z-x)\mathrm{d}x$

$$=\begin{cases}0, & z<-1\\ \int_{-1}^{z}\frac{1}{2}e^{-(z-x)}\mathrm{d}x, & -1\leqslant z<1\\ \int_{-1}^{1}\frac{1}{2}e^{-(z-x)}\mathrm{d}x, & 1\leqslant z\end{cases}=\begin{cases}0, & z<-1;\\ \frac{1}{2}(1-e^{-z-1}), & -1\leqslant z<1;\\ \frac{1}{2}e^{-z}(e-e^{-1}), & 1\leqslant z.\end{cases}$$

(2) $\rho=\dfrac{\mathrm{Cov}(\xi,Z)}{\sqrt{D\xi}\sqrt{DZ}}=\dfrac{\mathrm{Cov}(\xi,\xi)+\mathrm{Cov}(\xi,\eta)}{\sqrt{D\xi}\sqrt{D\xi+D\eta}}=\dfrac{D\xi+0}{\sqrt{D\xi}\sqrt{D\xi+D\eta}}$

$$=\frac{\frac{4}{12}}{\sqrt{\frac{4}{12}}\sqrt{\frac{4}{12}+1}}=\frac{1}{2}.$$

2. 解：设需要卖出 n 次物品才能满足要求，而 ξ_i 为第 i 次卖出物品的销售额，

$$\xi_i\sim U(50,150),\ E\xi_i=100,\ D\xi_i=10\,000/12$$

n 次的累计销售额：$\xi=\xi_1+\xi_2+\cdots+\xi_n$，
$E\xi=100n$，$D\xi=10\,000n/12$，由题意得：

$$0.9\leqslant P\{\xi\geqslant 3\,000\}=P\left\{\frac{\xi-E\xi}{\sqrt{D\xi}}\geqslant\frac{3\,000-100n}{\sqrt{10\,000n/12}}\right\}\approx 1-\Phi\left(\frac{3\,000-100n}{\sqrt{10\,000n/12}}\right)$$

故 $0.1\geqslant\Phi\left(\dfrac{3\,000-100n}{\sqrt{10\,000n/12}}\right)$，即 $\dfrac{3\,000-100n}{\sqrt{10\,000n/12}}\leqslant -1.282$，
解得(可令 $n=12x$ 来简化计算) $n\geqslant 32.097$，
则每月需卖出 33 次物品才满足要求.

3. 解：(1) 设 A_i 为元件 i 损坏，$i=1,2,3$，则整个系统正常工作 C 的概率为：

$$P(C)=P(\overline{A_1A_2\cup A_3})=1-P(A_1A_2\cup A_3)=1-[P(A_1A_2)+P(A_3)-P(A_1A_2A_3)]$$
$$=1-p-p^2+p^3$$

(2) $P(A_3 \mid \bar{C}) = P(A_3\bar{C})/P(\bar{C}) = P(A_3)/P(\bar{C}) = \dfrac{1}{1+p-p^2}$.

4. 解：(1) 似然函数为：

$$L(a) = \prod_{i=1}^{7} p(x_i) = \begin{cases} 2^7 a^{2\times 7} 2^{-3\times 2} 4^{-3\times 2} 3^{-3} 5^{-3} 8^{-3}, & a \leqslant 2; \\ 0, & \text{其他}; \end{cases}$$

当 $a \leqslant 2$ 时，由 $\dfrac{\mathrm{d}L(a)}{\mathrm{d}a} = 0$，解得 $a = 0$，这与 $a > 0$ 的条件矛盾.

但由 $L(a)$表达式易见：a 越大 $L(a)$ 也越大[$L(a)$导数大于零]，

故当 a 取其上限，即 $a = 2$ 时 $L(a)$取到极大值，

故 a 的极大似然估计值 $\hat{a} = 2$

(2) 由于 $E\xi = \int_2^{+\infty} xb2^b x^{-1-b}\mathrm{d}x = b2^b\int_2^{+\infty} x^{-b}\mathrm{d}x = \dfrac{b2^b}{1-b}x^{1-b}\Big|_2^{+\infty} = \dfrac{2b}{b-1}$，$(b>1)$，

因样本均值 $\bar{X} = (2+4+3+8+5+2+4)/7 = 4$，

令 $E\xi = \bar{X}$ 得，b 的矩法估计值 $\hat{b} = 2$.

5. 解：

X \ Y	−1	2	3	$P\{X = x_i\}$
0	$\frac{1}{8}$	$\frac{3}{8}$	$\frac{1}{4}$	$\frac{3}{4}$
1	$\frac{1}{24}$	$\frac{1}{8}$	$\frac{1}{12}$	$\frac{1}{4}$
$P\{Y = y_j\}$	$\frac{1}{6}$	$\frac{1}{2}$	$\frac{1}{3}$	1

6. 解：(1) $H_0: \mu = 3\,000$，$H_1: \mu \neq 3\,000$；选取统计量 $T = \dfrac{\bar{X}-\mu}{S_{n-1}}\sqrt{n}$，当原假设 H_0 成立时，$T \sim t(n-1)$，代入观测值得：

$$T = \frac{3\,056.667 - 3\,000}{375.314} \times \sqrt{12} = 0.523,$$

H_0 的接受域为 $W_0 = [-t_{1-\frac{\alpha}{2}}(n-1),\ t_{1-\frac{\alpha}{2}}(n-1)] = [-3.105\,8,\ 3.105\,8]$，

$T \in W_0$，故接受 H_0，即可以认为婴儿平均体重为 3 000 g.

(2) $H_0: \sigma = 350$，$H_1: \sigma \neq 350$，

$\chi^2 = \dfrac{(n-1)S_{n-1}^2}{\sigma^2} \sim \chi^2(n-1)$，代入观测值得：

$\chi^2 = \dfrac{(12-1)\times 140\,860.6}{350^2} = 12.648\,7$

H_0 的接受域为 $W_0 = [\chi^2_{\frac{\alpha}{2}}(n-1),\ \chi^2_{1-\frac{\alpha}{2}}(n-1)] = [3.816,\ 21.920]$，

$\chi^2 \in W_0$，故接受 H_0，即可以认为婴儿体重的标准差为 350 g.

二、**1.** $2[1-\Phi(\sqrt{2})] = 0.155$，0.5；　**2.** $B(n_i,\ 0.9)$，90；　**3.** $\dfrac{1}{2\sqrt{\pi}}$，0.5；

4. 2.94，22.31.

三、**1.** D； **2.** B； **3.** A； **4.** C.

卷6参考答案

一、**1.** 解：(1) $P\{\xi+\eta=1\}=1-P\{\xi=0,\ \eta=0\}-P\{\xi=1,\ \eta=1\}=\frac{1}{2}$，

由于事件 $\{\xi=0\}$ 与 $\{\xi+\eta=1\}$ 相互独立，得到

$$a=P\{\xi=0,\ \eta=1\}=P\{\xi=0,\ \xi+\eta=1\}=P\{\xi=0\}P\{\xi+\eta=1\}=\left(\frac{1}{6}+a\right)\times\frac{1}{2},$$

解得 $a=\frac{1}{6}$.

利用规范性，得到 $b=\frac{1}{3}$.

(2) $\mathrm{Cov}(\xi,\ \eta)=E\xi\eta-E\xi E\eta=\frac{1}{3}-\frac{2}{3}\times\frac{1}{2}=0$.

(3)

$\zeta=\min\{\xi,\ \eta\}$	0	1
P	$\frac{2}{3}$	$\frac{1}{3}$

2. 解：(1) ξ,η 的边际密度函数为：

$$p_\xi(x)=\begin{cases}\int_0^1(2-x-y)\mathrm{d}y, & 0<x<1\\ 0, & \text{其他}\end{cases}=\begin{cases}\frac{3}{2}-x, & 0<x<1;\\ 0, & \text{其他}.\end{cases};$$

$$p_\eta(y)=\begin{cases}\int_0^1(2-x-y)\mathrm{d}x, & 0<y<1\\ 0, & \text{其他}\end{cases}=\begin{cases}\frac{3}{2}-y, & 0<y<1;\\ 0, & \text{其他}.\end{cases}$$

(2) 由于 $p(x,\ y)\neq p_\xi(x)p_\eta(y)$，因此 $\xi,\ \eta$ 不独立.

(3) 解法一：利用卷积公式，得到

当 $z<0$ 或 $z\geqslant 2$ 时，$p(z)=0$；

当 $0\leqslant z<1$ 时，$p(z)=\int_0^z(2-x-(z-x))\mathrm{d}x=z(2-z)$；

当 $1\leqslant z<2$ 时，$p(z)=\int_{z-1}^1(2-x-(z-x))\mathrm{d}x=(2-z)^2$；

即 $p(z)=\begin{cases}z(2-z), & 0\leqslant z<1;\\ (2-z)^2, & 1\leqslant z<2;\\ 0, & \text{其他}.\end{cases}$

解法二：先求分布函数 $F(z)$，

当 $z<0$ 时，$F(z)=0$；

当 $0\leqslant z<1$ 时，$F(z)=\int_0^z \mathrm{d}x\int_0^{z-x}(2-x-y)\mathrm{d}y=z^2-\frac{z^3}{3}$；

当 $1\leqslant z<2$ 时，

$$F(z)=\int_0^{z-1}\mathrm{d}x\int_0^1(2-x-y)\mathrm{d}y+\int_{z-1}^1\mathrm{d}x\int_0^{z-x}(2-x-y)\mathrm{d}y=1-\frac{1}{3}(2-z)^3;$$

当 $z\geqslant 2$ 时，$F(z)=1$，故有

$$p(z)=\begin{cases}z(2-z), & 0\leqslant z<1;\\ (2-z)^2, & 1\leqslant z<2;\\ 0, & \text{其他}.\end{cases}$$

3. 解：若随机变量 ξ_i 表示第 i 次称重的重物，则 $\overline{X_n}=\frac{1}{n}\sum_{i=1}^n \xi_i$，于是有

$$|\overline{X_n}-a|=\frac{1}{n}\left|\sum_{i=1}^n \xi_i-na\right|.$$

利用中心极限定理得到

$$P\{|\overline{X_n}-a|<0.1\}=P\left\{\frac{1}{n}\left|\sum_{i=1}^n \xi_i-na\right|<0.1\right\}=P\left\{\frac{\left|\sum_{i=1}^n \xi_i-na\right|}{0.2\sqrt{n}}<\frac{\sqrt{n}}{2}\right\}$$

$$=2\Phi\left(\frac{\sqrt{n}}{2}\right)-1.$$

要使 $P\{|\overline{X_n}-a|<0.1\}>0.95$，即 $\Phi\left(\frac{\sqrt{n}}{2}\right)>0.975$，

于是得到 $n>15.3664$，

取 $n=16$.

4. 解：(1) 建立原假设 $H_0: \mu=6$，备选假设 $H_1: \mu\neq 6$.

选取统计量 $T=\frac{\bar{X}-\mu}{S_{n-1}}\sqrt{n}$，当原假设 H_0 成立时，$T\sim t(8)$.

利用样本数据，有 $n=9$，$\bar{x}=6.2$，$S_{n-1}=0.69282$，故统计量的测试值为

$$\hat{t}=\frac{6.2-6}{0.69282}\sqrt{9}=0.8660$$

由 $\alpha=0.05$ 得到 $t_{0.975}(8)=2.3060$，由于 $|\hat{t}|<2.3060$，故接受原假设 H_0，即认为油漆的平均干燥时间为 6 h.

(2) 由样本数据得到 $n=9$，$S_{n-1}^2=0.48$，对于 $\alpha=0.05$，自由度为 8，有 $\chi^2_{0.025}(8)=2.180$，$\chi^2_{0.975}(8)=17.535$，所以

$$\frac{(n-1)S_{n-1}^2}{\chi^2_{0.975}(n-1)}=\frac{8\times 0.48}{17.535}=0.2190,$$

$$\frac{(n-1)S_{n-1}^2}{\chi_{0.025}^2(n-1)}=\frac{8\times 0.48}{2.180}=1.7615,$$

故 σ^2 的 95%的置信区间为[0.2190，1.7615].

5. 解：(1) 先计算 $E\xi=\int_\theta^{+\infty}xe^{-(x-\theta)}\mathrm{d}x=\left[-xe^{-(x-\theta)}\right]\Big|_\theta^{+\infty}+\int_\theta^{+\infty}e^{-(x-\theta)}\mathrm{d}x=\theta+1$，由于 $E\xi=\bar{X}$，得到 $\hat{\theta}=\bar{X}-1$.

(2) 对于一组观测值 $(x_1, x_2, \cdots x_n)$，设 $x_1, \cdots, x_n\geqslant\theta$，此时似然函数

$$L(\theta)=\prod_{i=1}^n p(x_i)=\prod_{i=1}^n\left[e^{-(x_i-\theta)}\right]$$

两边取对数，得对数似然函数

$$\ln L(\theta)=-\sum_{i=1}^n x_i+n\theta,$$

分别关于 θ 求导，可得 $\frac{\mathrm{d}\ln L(\theta)}{\mathrm{d}\theta}=n>0$，

$\ln L(\theta)$关于 θ 严格单调递增，所以 $\ln L(\theta)$的最大值应在 θ 取值的右面的边界点上取到，故极大似然估计为 $\hat{\theta}=\min\limits_{1\leqslant i\leqslant n}X_i$.

(3) 设 $\hat{\theta}=\min\limits_{1\leqslant i\leqslant n}X_i$ 的分布函数为 $F(x)$，利用最小值分布的公式，得到

$$F(x)=1-\left[1-F_\xi(x)\right]^n=\begin{cases}1-e^{-n(x-\theta)}, & x>\theta;\\ 0, & x\leqslant\theta;\end{cases}$$

得到 $\hat{\theta}=\min\limits_{1\leqslant i\leqslant n}X_i$ 的密度函数

$$p(x)=\begin{cases}ne^{-n(x-\theta)}, & x>\theta;\\ 0, & x\leqslant\theta.\end{cases}$$

$$E\min_{1\leqslant i\leqslant n}X_i=\int_\theta^{+\infty}xne^{-n(x-\theta)}\mathrm{d}x=\left[-xe^{-n(x-\theta)}\right]\Big|_\theta^{+\infty}+\int_\theta^{+\infty}e^{-n(x-\theta)}\mathrm{d}x=\theta+\frac{1}{n}\neq\theta,$$

故 $\hat{\theta}=\min\limits_{1\leqslant i\leqslant n}X_i$ 不是无偏估计.

二、**1.** 1； **2.** 0.9； **3.** $\frac{2}{\pi}$； **4.** $\begin{cases}\frac{1}{\sqrt{y}}e^{-2\sqrt{y}}, & y>0;\\ 0, & y\leqslant 0;\end{cases}$ **5.** 0.75； **6.** t，2.

三、**1.** C； **2.** D； **3.** A； **4.** B； **5.** C； **6.** C.